江苏科普创作出版扶持计划项目

主编　李兴伟　童培新

小粉尘“爆”脾气

东南大学出版社
SOUTHEAST UNIVERSITY PRESS

图书在版编目（CIP）数据

小粉尘“爆”脾气/李兴伟，童培新主编. —南京：东南大学出版社，2022.12（2024.10 重印）

ISBN 978-7-5766-0314-9

Ⅰ. ① 小… Ⅱ. ①李 … ②童… Ⅲ. ① 粉尘爆炸-事故预防-普及读物 Ⅳ. ① TD714-49

中国版本图书馆CIP数据核字（2022）第 206273 号

责任编辑：郭吉　　封面设计：余武莉　　责任印制：周荣虎

小粉尘“爆”脾气

XIAO FENCHEN “BAO” PIQI

主　　编：李兴伟　童培新

出版发行：东南大学出版社

社　　址：南京四牌楼2号　邮编：210096　电话：025-83793330

网　　址：http://www.seupress.com

电子邮件：press@seupress.com

经　　销：全国各地新华书店

印　　刷：南京迅驰彩色印刷有限公司

开　　本：850 mm ×1 168 mm　1/32

印　　张：4.125

字　　数：100 千字

版　　次：2022 年 12 月第 1 版

印　　次：2024 年 10 月第 2 次印刷

书　　号：ISBN 978 - 7 - 5766 - 0314 - 9

定　　价：56.00 元

前 言

Preface

这是一本与千家万户安全密切相关的趣味读物。

1987 年 3 月，哈尔滨亚麻厂亚麻粉尘爆炸让小粉尘的“爆”脾气暴露无遗，也引起了巨大的社会反响。但随后，淀粉糖厂、木制品厂、汽车轮毂厂、学生宿舍庆生、水上乐园“彩色派对”等各种场合、各种粉尘“发脾气”的记录层出不穷。

由此，毫不起眼的小煤尘带领我们开启了一段可燃性粉尘家族的探访之旅。我们认识了小粉尘“发脾气”的五要素，在粉尘俱乐部里见识了粉尘家族战斗力比拼排行榜，偷学了“封火紧箍咒”等控制小粉尘“发脾气”的“武林秘籍”，修炼了泄爆、隔爆、抑爆、抗爆等降低小粉尘“爆”脾气后果的“绝世武功”……

本书艺术地揭示了小粉尘“发脾气”的前因后果，成功地塑造了雪白粉嫩的“笑面虎”、鲜艳妖媚的“小甜妹”、傻里傻气的“木疙瘩”、毫不起眼的小煤尘、活跃的“美女蛇”等生活中随处可见的粮食、木制品、煤、金属粉尘的形象，情节生动，语言流畅，富有浓郁的生活气息，并能给读者以警示和思考。

目录

第1章
欢迎来到粉尘家族

粉尘自述

嗨～大家好！我是小煤尘，是粉尘家族的一员，今天就由我来带大家认识一下我们这个大家族。

人人都喊我们小粉尘，说我轻如鸿毛也不准确，其实我比鸿毛还轻，我的身体只有头发丝那么大。一般来说凡是呈现细粉状态的固体，都属于我们粉尘家族。

我们粉尘家族是一个非常庞大的家族，成员和分支众多。

我和我的兄弟姐妹们，或是来自大自然的动植物，如木粉尘、纤维粉尘、面粉粉尘、玉米淀粉粉尘等，或是来自各种人工合成材料等。

我的家族中有一类属于可燃性粉尘，成员众多，比如常见的铝粉、镁粉、锌粉等金属粉，木粉、玉米淀粉、面粉、烟叶粉、棉花粉、亚麻粉，还有纸浆粉、奶粉、糖粉、鱼骨粉和鱼粉等。

哪里可以看到我们——粉尘家族成员

千万可别小瞧我们，别看我们个子小，但我们粉尘家族成员非常团结，聚在一起，我们就能变成威力巨大的“粉尘炸弹”。下面我来介绍我们家族的几位“悍将”吧。

“美女蛇”（镁粉尘、铝粉尘）：最为活跃，遇水释放氢气，历史上多次巨大的破坏性粉尘爆炸，“美女蛇”都是始作俑者。比如2014年昆山某金属制品有限公司抛光车间特别重大铝粉尘爆炸事故，当天造成75人死亡。

“笑面虎”（小麦粉粉尘）：看着白乎乎的，其实是只危险的“笑面虎”，它能变成颜值高、味道美的点心（馒头、面包、蛋糕等），也能变成“爆”脾气、威力大的“粉尘炸弹”。“笑面虎”特别钟爱演艺事业，因此多次出现在各类电视剧中。

“木疙瘩”（木粉尘）：别看“木疙瘩”傻里傻气的，威力不容小视。2015年内蒙古自治区某人造板公司木粉尘爆炸事故，6人死亡，3人烧伤，损毁建筑2 700m^2。

"玉面飞狐"（玉米淀粉）：长相妖媚，体形柔软，皮肤细腻，色彩鲜艳，善于化妆，人称"玉面飞狐"。"彩色粉"是由玉米淀粉加上色素，经常用作娱乐和运动中的"助兴神器"。不过，这些漂亮的粉末，威力可不小。2015年台湾新北市八仙水上乐园派对，发生粉尘爆炸，造成500多人受伤。

"小甜妹"（小麦淀粉）：肤白貌美，经常用来制糖，因此人称"小甜妹"。2010年，河北省秦皇岛骊骅淀粉股份有限公司爆炸事故造成21人死亡，罪魁祸首就是淀粉。这是我国粮食行业有史以来最大的粉尘爆炸事故。美国同样也因小小的"糖粉"而损失惨重。2008年，位于乔治亚州的皇家糖厂发生爆炸事故，整个糖厂被夷为平地。

粉尘爆炸一直是粉体生产、处理、运输和储存过程中的潜在"杀手"。

小粉尘
玉面飞狐
笑面虎
木疙瘩
小甜妹
美女蛇

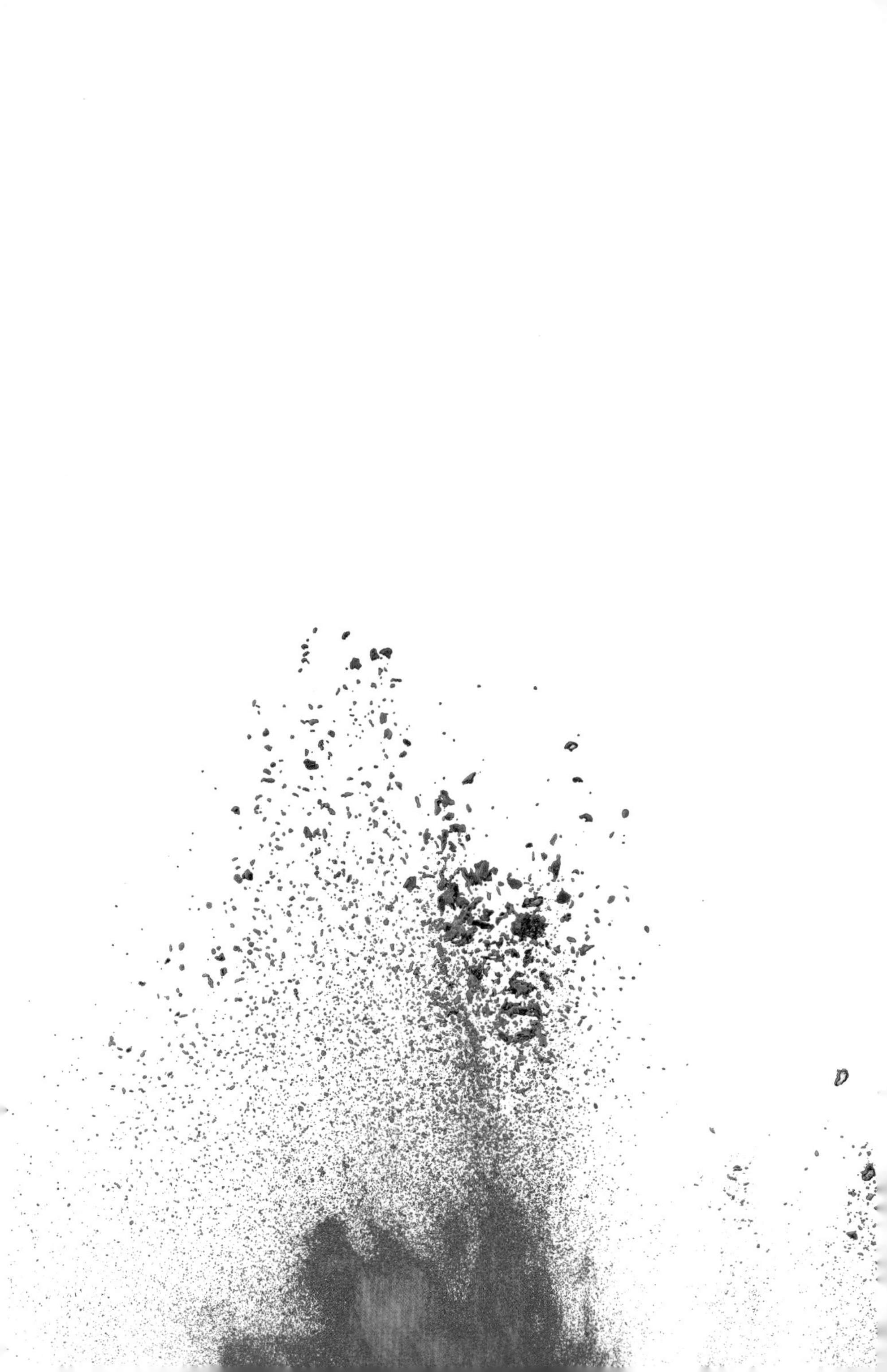

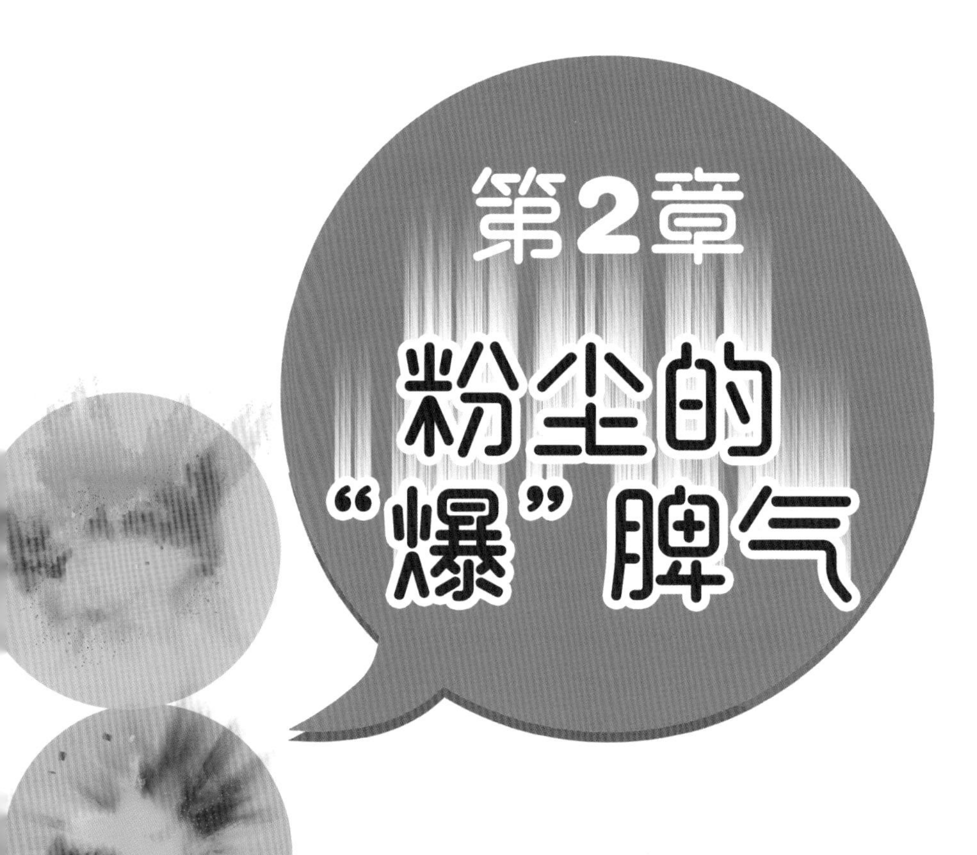
第2章
粉尘的“爆”脾气

声名鹊起！小粉尘也能爆炸？

1987年3月，中国哈尔滨亚麻纺织厂主厂房发生了一起特大爆炸事故，爆炸之后又引起大火，伤亡235人，损坏厂房13000 m^2。梳麻车间、前纺车间、地下麻库、换气室、除尘室全部变成废墟。在约10 s内，首爆的震级为1.3级，相当于释放能量5.07×10^6J，随后又接连发生了9次次生爆炸，现场惨不忍睹。事后的调查表明，爆炸是由在生产过程中产生的亚麻粉尘引起的。人们不禁为之咋舌：小小粉尘发起脾气来竟是这样的厉害！

这下，粉尘“爆”脾气的名声可是传开了。

这天，在火炉旁，一场神秘的对话正在进行。

黑黝黝的大块煤炭对着漫天的煤粉尘说：“你们最近受关注度挺高啊，经常能听到人们讨论惧怕你们，可是我才是能量之王啊，我能让火车跑起来，能让机器转起来，你们这么小又

这么轻，能有什么好忌惮的？”

一粒小煤尘嘿嘿一笑：“煤大哥，我们是小，可是我们聚在一起，如果发生爆炸，破坏力超出你的想象。”

“小小煤尘口气大，就凭你们能威力巨大？我真有点儿怀疑。”煤炭大哥斜着眼睛说道。

“不用怀疑，我这就带你去开开眼界，带你穿越回到第二次世界大战，不要眨眼，神奇的事情就要发生了。”

话音才落，它们已经到了战场上空，眼瞅着空军不断轰炸着地面，炸弹从天而降。地上有一家面粉厂的厂主正暗自庆幸炸弹没有击中他的厂房，但几乎与炸弹落下的同时，车间自己发生了大爆炸，一朵巨大的蘑菇云腾空升起，屋顶飞上了天，爆炸的威力超过了炸弹的破坏作用。更神奇的是，其他周边几家面粉厂接着也发生了爆炸。

这一幕，把煤炭大哥看呆了，“什么？面粉也能爆炸？”

煤炭大哥好奇地继续发问：“话说为什么你们面粉大哥脾气这么暴躁？爆炸威力堪比炸弹啊？这真让我这大块头开眼界了。”

小煤尘谦虚地说：“我们虽然厉害，说起来也都是源于你们呢，煤炭大哥，在你们粉碎的过程中我们小煤尘就出现啦。我的很多兄弟姐妹也都出现在锌材、铝材、各种塑料粉末、小麦粉、糖、木屑、染料、胶木灰、奶粉、茶叶粉末、烟草粉末、煤尘、植物纤维尘产生的生产加工场所中呢。”

面粉粉尘爆炸

什么是爆炸？什么是粉尘爆炸？

“到底什么是爆炸？我们能燃烧又是大块头都不能爆炸，你们却可以当炸弹？”煤炭大哥更不解了。

小煤尘不急不缓地说：“爆炸是指一个或一个以上的化学物质在极短时间内产生的火苗意识，并爆发出强大的火焰震慑力。”

“你还记得上次我们厂里庆典放的鞭炮么？鞭炮里填装的黑火药里就有我可燃的木炭粉大哥，还有遇热能放出氧气助燃的硝石（硝酸钾），这样木炭粉大哥与氧气发生反应就能产生可燃气体，引线点燃火药燃烧，放出大量的热还有许多气体，火药体积会猛增1 000倍，啪一声，草纸层就炸破了。”

“当然了，你要是试着点着一些散开的火药粉，它就会‘呼’地一下着起来，并不爆炸。这是因为火药是散放在空气中的，它迅速地燃烧，产生的大量气体、烟尘能在敞开的空间自由膨胀的缘故。”小煤尘补充道。

“可是，鞭炮是密闭的纸筒，工厂可不是密闭的，怎么也会爆炸？”煤炭大哥越听越认真，竟然不自觉地开始追问了。

“煤炭大哥很有科学探索精神嘛，好问题，爆炸其实不一定非要在密闭容器里发生，如果燃烧范围较广，速度又非常快的话，会放出巨大的热量并产生大量气体，此时的气体由于瞬间存在于有限的空间内，压强极大，对爆炸点周围的物体产生了强烈的压力，因此高压气体迅速膨胀时也会形成爆炸。”

“所以，你们工厂里的粉尘爆炸就是这么发生的？”煤炭大哥恍然大悟。

“是呀，拿面粉粉尘举例吧，面粉组成中都含有碳、氢等元素，它们都是可以燃烧的物质。我们小粉尘在生产过程中，大量的可燃粉尘与空气混合，就会形成可燃气体。一旦遇到火源或者强烈振动，悬浮的粉尘就可能瞬间释放大量燃烧热，进而发生爆炸。面粉车间爆炸就是由于炸弹爆炸的气浪掀起了车间里的面粉粉尘，使得空气中所含的面粉达到了一定的浓度，每立方米空气中含有9.7g面粉时，一旦遇有火苗、火星、电弧或适当的温度，瞬间就会燃烧起来，形成猛烈的爆炸，其威力不亚于炸弹，爆炸物就是我们的“笑面虎”大哥。”

“敲黑板了！！粉尘爆炸的条件：1. 粉尘本身是可燃的；2. 粉尘必须悬浮在空气中，且其浓度处于一定的范围；3. 一定的含氧量；4. 有火源或者强烈振动与摩擦；5. 在相对比较密闭的空间里。煤炭大哥，以后遇到这样的场景可得提高警惕啊！”小煤尘严肃地说道。

“那这么说，我们煤矿在开采中产生的煤尘也是有可能引起爆炸的！”煤炭大哥心想着回去一定要提醒兄弟姐妹们万分小心。

粉尘爆炸五要素

表面能？这也行？

就这样他俩边走边聊，感慨着爆炸的威力巨大。

“我又想到一个问题，我们煤炭也可燃啊，可是为什么没有这般威力？”煤炭大哥突然想到。

小煤尘耐心又带着点骄傲地解释道：“这就是我们小粉尘啊，别看我们小，可是我们又不小，1 g 的你表面积不到6 cm^2，1 g的我表面积就有2 m^2 啦，我们能接触更多空气哦，所以也会有更多的表面能。”

“表面能又是什么？”煤炭大哥又遇到了新知识盲点。

“表面能可以理解为材料表面相对于材料内部所多出的能量。举个例子，我们小煤尘是经过初碎、干燥磨制等环节制成很细很细的人工燃料，制粉系统是要消耗电能对被加工的物料做功才能使物料被粉碎，有一部分功就转化成能量储存在被粉碎以后的物质颗粒表面，这部分能量在物理化学中被叫作‘表面能’，这就是传说中的能量守恒。”

“并且啊，对于一定的物质来说，被粉碎的程度越大，颗粒就越小，表面积就越大，那么表面能也就越大啦，同时被粉碎的我们也增加了分散性、悬浮性。所以我们才能具有这么高的表面能，同大块的你们相比，遇到火源，就更容易发生物理或化学变化把能量释放出来啊。”

煤炭大哥惊讶极了，开玩笑地说，“我现在明白了，平时看你们细细小小，微不足道，没想到你们聚在一起只要条件合适，就会迅速地发生激烈的燃烧反应，瞬间放出这么巨大的能量，你们家族果然都是“爆”脾气，生气起来后果很严重啊！”

小粉尘发脾气，危害大！

“你可说对了，如果真的发生爆炸，危害很大，首先就是破坏力超出想象，凡是易燃烧的粉尘都是我的兄弟姐妹，铝粉大哥爆炸产生的压力，相当于每平方米瞬间增加63 t 的重量，同时伴随2 000℃以上的高温。与可燃气体爆炸相比，粉尘爆炸压力上升和下降速度都比较缓慢，较高压力持续时间长，释放的能量大，爆炸的破坏性和对周围可燃物的烧毁程度会更严重。”小煤尘附和道。

“除此之外，粉尘初始爆炸产生的气浪会使沉积粉尘扬起，在新的空间形成爆炸性混合物，从而可能会发生二次爆炸。二次爆炸往往比初次爆炸压力更大，破坏更严重。随着爆炸引起极大的震动，沉积在不同部位的粉尘扬起，形成多个粉尘云，从而产生连环爆炸，反应速度和爆炸压力呈现跳跃式加快和升高，具有离起爆点越远破坏越严重的特点。”

“更可怕的是，粉尘爆炸能产生有毒气体：一种是一氧化碳；另一种是爆炸物（如塑料）自身分解的毒性气体。毒气的产生往往造成爆炸过后的大量人畜中毒伤亡。”

小煤尘一口气说出这么多危害，煤炭大哥听着都倒吸一口凉气，说道：“怪不得现在人们这么忌惮你们，一直在避免和你们起冲突，后果简直太可怕了，我都非常想去认识一下你们家族的其他成员了。”

小煤尘点点头，说道：“我们小粉尘是永不疲倦的旅行者，会随着空气到处飘荡。不过，我带你去我们的俱乐部转转吧，好多家族成员会聚在一起呢。”

粉尘爆炸可能产生的有毒气体、气浪

来自粉尘俱乐部里的争吵

小煤尘带着煤炭大哥到了一个路边屋角矮矮的屋洞里。走进屋里，光线昏暗，少许太阳光从栅栏缝隙里照进来，可以看到好多粉尘在空中飘舞。小煤尘热情地和他们打着招呼，顺便给煤炭哥做着介绍。

“这就是我们俱乐部的“美女蛇”啦。她是镁铝粉尘，可是非常活跃呢，她有个技能，遇水就能释放氢气。”

迎面又碰到了“木疙瘩”（木粉尘），“别看它名字叫“木疙瘩”，它在我们俱乐部可是影响力第一，沉稳智慧，关键时候就是我们的智多星。”

正介绍着，突然听到围着的一圈里面一阵争吵声，小煤尘和煤炭哥赶紧过去一瞧。只见“小甜妹”（小麦淀粉）和“笑面虎”（小麦粉）兄妹俩正在争得面红耳赤。

“笑面虎”轻蔑地看着“小甜妹”，冷笑一声：“我是小麦直接磨成的，你这柔柔弱弱的精制粮产品，还得浸水发酵，威力能有我大？《拆弹专家》电影里那幕可不是虚构，男主逃离现场时用打火机和面粉制造了一次大爆炸，我的实力有目共睹。"

"哼，说起爆炸，人们因为小觑我的威力吃的苦头不少啊，河北一淀粉车间因为静电火花发生了爆炸，山东一淀粉车间违规电焊操作导致燃爆，损失巨大，我可不一定比你弱。""小甜妹"也不甘示弱。

眼瞅着兄妹俩吵得不可开交，"木疙瘩"赶紧站出来说："不要吵了，我们粉尘家族这么庞大的家族，成员和分支众多，最近像你们这种争论很多，我提议不如我们搞一个战斗力比武大赛，找机会切磋切磋，看看谁战力更足，看看谁能最终榜上有名，各位意下如何？"

围观的粉尘们觉得这个提议很棒，有个舞台能比比谁更厉害，又好玩又刺激，都附和说好。不过有粉尘这时候提出了疑问："拿什么评价我们谁更厉害呢？又怎么比试呢？"

"若大家信任我，我就自告奋勇策划这场比赛。""木疙瘩"主动说。

“木大哥，你办事我们放心，那我们大家就拭目以待啦！”煤炭哥暗自想着，这下有精彩的大戏可以看了。

粉尘家族的圆桌会议

大场面！战斗力比武大赛

令人期待已久的战斗力比武大赛终于来临了。

这天万里无云，煤炭大哥早早地坐在观众席上，只见粉尘俱乐部的粉尘们都来到了中心赛场上。

煤炭大哥看到赛场上布置了很多奇奇怪怪的装置，赛道起始位置是一道安检门，第二道关卡是一个巨型的圆球容器，第三、四道关卡设备上都有着仪表盘，看着很是高级又专业。

正当疑惑的时候，“木疙瘩”登场了。作为今天的主持人，“木疙瘩”精神抖擞，洪亮地讲道：“今天是我们粉尘家族盛大的战斗力比武大赛，非常荣幸各大分支的家族成员都在此相聚，我们精心准备今天的赛程，正如大家所见，我们准备了很多神秘的设备见证这场比赛，确保了比赛的公平科学，希望大家赛出水平，取得好成绩！！”

观众席掌声雷动，大家都很期待这次的比武大赛。

“想必大家都很好奇，我们比什么？因为我们评价因素众多，有粒径影响、爆炸下限、最低点火能、最大爆炸压力、粉尘云粉尘层的引燃温度等，所以我们最终的评价标准是爆炸危险性级别，就是综合考虑可燃性粉尘的引燃容易程度和爆炸严重程度，确定粉尘的爆炸危险性级别。”

“这几台设备就是我们精准的参数裁判了，现在我隆重介绍下这几台设备。”

“第一台是粉尘粒径测试仪，他们能精确测到各位参赛选手累计粒度分布百分数达到50%时所对应的粒径，单位是μm。”

“第二台设备是粉尘云引燃温度，我们知道，悬浮在空气中的粉尘，如果遇到温度足够高的热源，就可能发生着火或者爆炸。粉尘云最低着火温度是在粉尘云（粉尘和空气的混合物）受热时，使粉尘云的温度发生突变（点燃）时的最低加热温度（环境温度）。”

“第三台设备是粉尘层最低着火温度测试仪，可以测试堆积在热表面上规定厚度粉尘着火时热表面的最低温度，待测粉尘层发生无焰燃烧或有焰燃烧，或其温度达到450℃及以上，或其温升达到或超过热表面温度250℃时都视为着火。”

第四台是最大爆炸压力测试仪，这台设备是通过一定压力的压缩空气将一定体积储粉室中的粉尘样品扩散到这个圆球中，用化学点火装置点火，可以精准测试出最大爆炸压力。”

“后面还要很多设备分别记录我们选手的相关信息，最终我们会对比赛成绩进行统计分析，得出我们的战力排行榜。我们把爆炸危险性级别设置了三个等级，高、较高和一般，那么接下来就让我们走进这场激动人心的比赛，看看各位选手的表现吧！”

“除了设备裁判，在主席台中央坐着的正是我们请的外援裁判团成员，他们见多识广，了解很多标准、研究成果和很多国内外粉尘爆炸事故案例，他们会根据一会儿的比赛参数和经验对粉尘的战力做出综合评价，让我们用掌声热烈欢迎他们，也对接下来的比赛充满期待吧！”

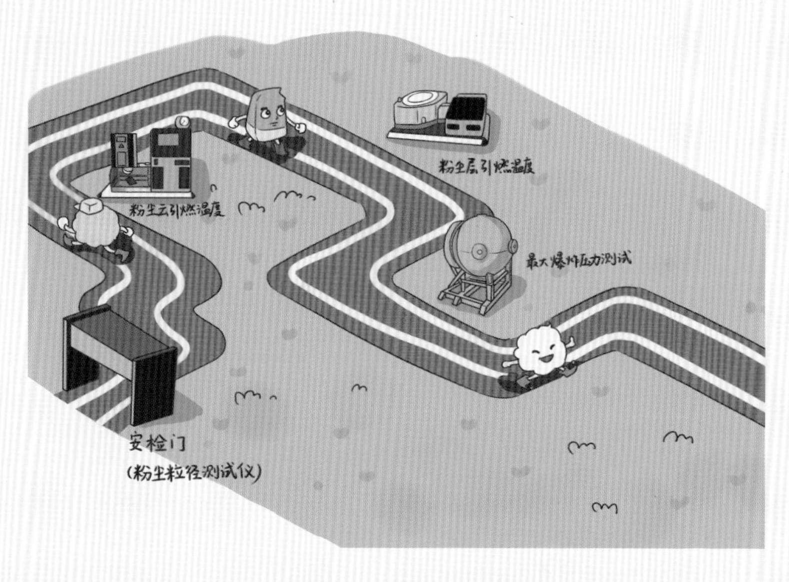

粉尘战斗力比武大赛现场

战力榜比拼开始啦

比赛马上就要开始了，参赛队员们已经走上了赛场。这真是场盛大的比赛，基本上粉尘家族各分支的成员们都到场了。有“美女蛇”作为成员之一的金属制品加工战队，有之前争吵过的“小甜妹”和“笑面虎”组成的农副产品加工战队，还有“木疙瘩”分支的木制品/纸制品加工战队，还有之前轰动一时的亚麻爆炸案的亚麻粉所在的纺织品加工战队，哇，小煤尘也代表煤粉制备战队参赛了。煤炭大哥不禁热烈地鼓起掌来，另外还有很多其他战队，比如染料粉尘、涂料粉尘等。

马上是第一关的比拼：选手们井然有序地通过了检测门，同时他们的中位径尺寸就已经同步显示在大屏幕上了。小粉尘们真的好小，镁粉尘中位径才6 μm。最大的鱼骨粉尘也才320 μm，要知道一根普通的头发丝直径是60～90 μm。

紧接着是检测引燃温度环节，之前争执不下的“小甜妹”和“笑面虎”自然是大家关注的重点，只见小麦淀粉和小麦粉依次经过称重、进入设备、设备内检测等环节。很快成绩公布在大屏幕上了，小麦淀粉和小麦粉粉尘层引燃温度都是要大于450℃，但是小麦淀粉粉尘云引燃温度是520℃，小麦粉粉尘云引燃温度是470℃，这也就意味着小麦粉更容易被点燃，更危险一些。这下"笑面虎"得意了，"我就说吧，你怎么比得过我。""小甜妹"不急不缓地说："先不急啊，后面还有比赛呢，一切都说不定呢。"

后面就是爆炸压力比拼了，他们通过了那个巨大的圆球，观众们也聚精会神地盯着大屏幕，结果出来了，令人大跌眼镜，小麦淀粉爆炸压力为1MPa，小麦粉爆炸压力是0.74MPa，显然小麦淀粉爆炸严重程度比小麦粉更大，"小甜妹"这里扳回一局，现在已经打成平手了。

比赛越来越紧张刺激了，他们后续还依次参加了爆炸下限、点火能等环节。越来越多的粉尘陆续完成了比赛环节。看着大屏幕上的一列列参数，大家纷纷猜测着比赛结果。

粉尘家族战斗力排行榜

终于，激动人心的时刻要到来了。

“各位粉尘家族的朋友们大家好，经过激烈的比拼和裁判组的综合评判，粉尘战斗力排行榜已经新鲜出炉了。还是很有悬念的，“小甜妹”威力确实比“笑面虎”更胜一筹，恭喜“小甜妹”，嘿嘿嘿，“美女蛇”、小煤尘等也都是位居第一梯队的高危险级别。当然，后面可能会有更多的成员加入我们的排行榜，也会有更加精准的比赛装备被设计出来，让我们充满期待吧，现在用掌声热烈庆祝我们的比赛圆满结束！！”在“木疙瘩”的致谢词中这场战斗力比武大赛也缓缓拉下了帷幕。

粉尘家族战斗力排行榜

序号	名称	中位径（μm）	爆炸下限（g/m^3）	最小点火能（mJ）	最大爆炸压力（MPa）	爆炸指数（MPa·m/s）	粉尘云引燃温度（℃）	粉尘层引燃温度（℃）	爆炸危险性级别
一、金属制品加工									
1	镁粉	6	25	<2	1	35.9	480	>450	高
2	铝粉	23	60	29	1.24	62	560	>450	高
3	铝铁合金粉	23			1.06	19.3	820	>450	高
4	钙铝合金粉	22			1.12	42	600	>450	高
5	铜硅合金粉	24	250		1	13.4	690	305	高
6	硅粉	21	125	250	1.08	13.5	>850	>450	高
7	锌粉	31	400	>1 000	0.81	3.4	510	>400	较高
8	钛粉						375	290	较高
9	镁合金粉	21		35	0.99	26.7	560	>450	较高
10	硅铁合金粉	17		210	0.94	16.9	670	>450	较高
二、农副产品加工									
11	玉米淀粉	15	60		1.01	16.9	460	435	高
12	大米淀粉	18		90	1	19	530	420	高
13	小麦淀粉	27			1	13.5	520	>450	高
14	果糖粉	150	60	<1	0.9	10.2	430	熔化	高
15	果胶酶粉	34	60	180	1.06	17.7	510	>450	高
16	土豆淀粉	33	60		0.86	9.1	530	570	较高
17	小麦粉	56	60	400	0.74	4.2	470	>450	较高
18	大豆粉	28			0.9	11.7	500	450	较高

续表

序号	名称	中位径（μm）	爆炸下限（g/m³）	最小点火能（mJ）	最大爆炸压力（MPa）	爆炸指数（MPa·m/s）	粉尘云引燃温度（℃）	粉尘层引燃温度（℃）	爆炸危险性级别
19	大米粉	<63	60		0.74	5.7	360		较高
20	奶粉	235	60	80	0.82	7.5	450	320	较高
21	乳糖粉	34	60	54	0.76	3.5	450	>450	较高
22	饲料	76	60	250	0.67	2.8	450	350	较高
23	鱼骨粉	320	125		0.7	3.5	530		较高
24	血粉	46	60		0.86	11.5	650	>450	较高
25	烟叶粉	49			0.48	1.2	470	280	一般
三、木制品 / 纸制品加工									
26	木粉	62		7	1.05	19.2	480	310	高
27	纸浆粉	45	60		1	9.2	520	410	高
四、纺织品加工									
28	聚酯纤维	9			1.05	16.2			高
29	甲基纤维	37	30	29	1.01	20.9	410	450	高
30	亚麻	300			0.6	1.7	440	230	较高
31	棉花	44	100		0.72	2.4	560	350	较高
五、橡胶和塑料制品加工									
32	树脂粉	57	60		1.05	17.2	470	>450	高
33	橡胶粉	80	30	13	0.85	13.8	500	230	较高
六、冶金 / 有色 / 建材行业煤粉制备									
34	褐煤粉尘	32	60		1	15.1	380	225	高

续表

序号	名称	中位径（μm）	爆炸下限（g/m^3）	最小点火能（mJ）	最大爆炸压力（MPa）	爆炸指数（MPa·m/s）	粉尘云引燃温度（℃）	粉尘层引燃温度（℃）	爆炸危险性级别
35	褐煤/无烟煤(80:20)粉尘	40	60	>4000	0.86	10.8	440	230	较高
七、其他									
36	硫磺	20	30	3	0.68	15.1	280		高
37	过氧化物	24	250		1.12	7.3	>850	380	高
38	染料	<10	60		1.1	28.8	480	熔化	高
39	静电粉末涂料	17.3	70	3.5	0.65	8.6	480	>400	高
40	调色剂	23	60	8	0.88	14.5	530	熔化	高
41	萘	95	15	<1	0.85	17.8	660	>450	高
42	弱防腐剂	<15			1	31			高
43	硬脂酸铅	15	60	3	0.91	11.1	600	>450	高
44	硬脂酸钙	<10	30	16	0.92	9.9	580	>450	较高
45	乳化剂	71	30	17	0.96	16.7	430	390	较高

精彩的比赛结束了，有机会来观摩这场粉尘比拼赛，煤炭大哥可算是大开眼界了，可是煤炭大哥看着排行榜，陷入沉思，小小粉尘真是“爆”脾气，陪伴自己这么多天的小煤尘的爆炸危险性级别也是很高的，一言不合真的会爆炸，危害巨大，果真“尘不可貌相”，小煤尘是我的好伙伴，就因条件没控制好，就会一损俱损，是该好好思考思考怎么能避免引发爆炸了，这样才能你好、我好、大家好。

第3章
别惹我
我会"爆"

如何控制我的“爆”脾气

大家好，我是“爆”脾气的粉尘，我虽然脾气“爆”，但也不是一碰就发，只要你不触及我的底线，我还是能忍一忍哒，呵呵呵。

趁我心情好，来给大家聊一聊，如何才能控制我的“爆”脾气。下面三条规则，只要不违反，我就不会乱发脾气啦！

第一，不要惹“火”我——消除点火源

只要不碰到点火源家族，我们易爆粉尘家族也曾是人见人爱的乖宝宝。可是我们两大家族的成员们总能不期而遇，一遇到点火源家族，粉尘家族的宝宝们的“爆”脾气可就控制不了啦。

禁止火源

我讨厌一切火源，什么看得见、看不见的火都统统远离我。不要以为焊接火焰、烟头、明火才是火，机械火花、热表面、静电、电气火花等我

都不待见。我在自己家墙壁上醒目的位置张贴“禁止火源”表明我的态度，拒绝一切火源来我家串门。这么不招人待见的点火源家族究竟是何方神圣？

点火源是指能够使可燃物与助燃物发生燃烧或爆炸的能量来源，点火源常见的能量来源是热能，还有电能、机械能、化学能、光能等。

点火源家族可是人丁兴旺哦，根据点火源家族产生能量的方式的不同，分成了七大点火源部落：

① 明火焰部落（有焰燃烧的热能）；

② 高温物体点火源部落（无焰燃烧或载热体的热能）；

③ 电火花点火源部落（电能转变为热能）；

④ 撞击与摩擦点火源部落（机械能变为热能）；

⑤ 绝热压缩点火源部落（机械能变为热能）；

⑥ 光照与聚焦点火源部落（光能变为热能或光引发连锁反应）；

⑦ 化学反应放热点火源部落（化学能变为热能）。

下面有请点火源家族的7大部落闪亮登场！

1. 明火焰部落

首先登场的明火焰部落，看，明火焰家族成员们带着敞开的火焰、火花、火星等向我们走来了。他们是人类生活中最常见的点火源了，也是引起生产过程中火灾、爆炸事故的最常见原因。

常见的明火焰部落成员有：火柴、打火机、蜡烛、煤炉、液化石油气灶具、气焊气割火焰等；还有高架火炬及烟囱等生产设备以及加热用火、检修用火等作业过程中产生的火焰、火花、火星。工人违规违章吸烟时明火焰部落成员也会出现哦。

2. 高温物体点火源部落

接着让我们认识一下粉尘家族的二号克星：高温物体点火源部落，部落成员外观可谓是多种多样、奇形怪状，高矮、大小不一，有的几层楼高，有的微小如小火星一般。

（1）常见体积较大的高温物体点火源部落成员主要有：铁皮烟囱表面，火炉、火炕及火墙表面，高温工业锅炉表面，热蒸汽管道及暖气片等采暖设备，高温干燥装置表面，加热装置（加热炉、裂解炉、蒸馏塔、干燥器等），高温反应器、容器的表面，输送高温物料的管线和机泵等。

（2）体积较为正常的高温物体（放热载热体）点火源部落成员有：电炉、电熨斗、电烙铁、白炽灯泡及碘钨灯泡表面、铁水、加热的金属零件、汽车排气管等。

（3）常见微小体积的高温物体（无焰燃烧）点火源部落成员有：无焰烟头、烟囱火星、发动机排气管排出的火星、焊割作业的金属熔渣等。这些无焰燃烧状态的火星，温度可达350℃以上，若与可燃粉尘、气体，易燃的棉、麻、纸张等接触便有点燃甚至爆炸的危险。

气焊气割、电焊作业时产生的金属熔渣，温度可达1 500℃甚至更高，很容易点燃周围的可燃物。

3. 电火花点火源部落

电火花是一种电能转变成热能的点火源。部落成员主要有：电气设备线路放电火花、静电放电火花、雷电放电火花、雷击电弧等。

电火花点火源部落成员都是隐身高手，一般难睹其真容，就

算露面了，也就是令人惊艳的一瞬间，眨眼又不见了。但他们对粉尘家族成员的杀伤力却是惊人的。通常的电火花，只要其放电能量大于可燃粉尘与空气混合物的最小点火能量，都有可能点燃爆炸性混合物。雷击电弧因能量很高，能点燃任何一种可燃物。真是太吓人了。

经过不断和电火花点火源部落的交锋，专家们发现，电气设备线路电火花出现也是有一定规律的，他们往往出现在电气设备线路开启或关闭、短路、漏电、出现危险温度等时候。

常见的电气设备火花有：电气设备开关开启或关闭时发出的火花、短路火花、漏电火花、电气设备接触不良火花、继电器接点开闭时发出的火花；超过负荷或短路时保险丝熔断产生的火花；电动机超负荷运转或绝缘不良、短路发热、电动机整流子或滑环等器件上接点开闭时发出的火花；电气线路安装不牢或接头松动打火；乱接乱拉电线或线路绝缘层老化、破损，导致并线短路产生的电火花。

4. 撞击与摩擦点火源部落

当两个表面粗糙的坚硬物体互相猛烈撞击或剧烈摩擦时，往往会产生火花或火星，这些火花或火星实质上是撞击和摩擦物体产生的高温发光的固体微粒。古代的火镰引火、打火机(火石型)点火是撞击和摩擦火花最常见的形式。

工业生产中撞击与摩擦点火源部落成员主要有：机器轴承、铁器机件摩擦碰撞、相互撞击或与混凝土地面撞击、砂轮磨铁器产生的火星、铁制工具撞击产生的火星。物料中的金属杂质以及金属零件、铁钉等与机件的碰击，产生火花。机械轴承缺油、润滑不匀时，摩擦生热，可能引起附着可燃物着火。

5. 绝热压缩点火源部落

当气体被急剧压缩时，温度骤然升高，当温度超过可燃物自燃点时，会发生绝热压缩点燃。

6. 光照与聚焦点火源部落

大家一定很熟悉阳光下的放大镜可以点燃火柴这个场景吧？其实类似的案例还有不少呢！太阳光或其他光源(如镁条燃烧发出的强光)热辐射光线直接照射，或经过类似凸透镜（如圆形玻璃瓶、有气泡的玻璃容器）、凹面镜的物体聚焦时，光束聚集形成高温焦点，就可能点燃易燃易爆粉尘家族成员，引发爆炸。这就是灭粉尘家族于无形的“光照与聚焦点火源部落”。

引起光线聚焦的物体大多为类似凸透镜或凹面镜的物体。他们常常是些很平常、不起眼的物体，如圆形玻璃瓶、盛水的球形玻璃鱼缸、四氯化碳灭火弹(球状玻璃瓶)、塑料大棚积雨水形成的类似凸透镜、不锈钢圆底锅、不锈钢球等。

7. 化学反应放热点火源部落

最后再给大家介绍下化学反应放热点火源。请大家睁大眼睛，好好见识下他们的庐山真面目！该部落分为3个分支：化学反应自热点火源；化学反应蓄热自热点火源；不燃的化学反应放热点火源。

（1）化学反应自热点火源

这类点火源在常温常压下，不需要外界加热，而是自己反应放出热量，当热量超过自燃点，就形成了化学反应自热点火源。这类化学反应主要包括与空气作用、与水作用、物品相互反应等。

与空气接触自燃：如黄磷、烷基铝、有机过氧化物等物质，能与空气中的氧气发生化学反应而着火。

与水作用：与水反应放出氢气、硫化氢、甲烷、乙炔等可燃气体和大量的化学反应热，可燃气体在局部的高温环境中与空气中的氧气燃烧，形成点火源。例如金属钠与水反应生成氢氧化钠与氢气，并放出热量，导致氢气和钠自燃。电石与水作用可分解出乙炔气体，五硫化磷与水作用分解放出硫化氢等。

相互接触化学自热的物质：一般情况下一种物质是强氧化剂，另一种物质是强还原剂，混合后由于强烈的氧化还原反应而自热着火，形成点火源。例如乙炔与氯气混合、甘油遇高锰酸钾、甲醇遇氧化钠、松节油遇浓硫酸，均可立即发生自燃着火。

（2）化学反应蓄热自热点火源

煤、植物、油脂等可燃物质都有蓄热自热的特点，长期堆积在一起，会形成蓄热自热点火源。这些物质有以下特点：储存过程中，能与氧发生缓慢氧化反应，同时放出热量。由于散热条件不好，通风不良，积热不散，促使温度上升，反应加快，从而点燃可燃物。

（3）不燃的化学反应放热点火源

这类反应过程中的反应物和产物都不是可燃物，反应放出的热量点燃其他可燃物。例如生石灰、过氧化钠、过氧化钾、五氯化磷、氯磺酸、三氯化铝、三氧化二铝、二氯化锌、三溴化磷、浓硫酸、浓硝酸、氢氟酸、氢氧化钠、氢氧化钾等遇水都会发生放热反应导致周围可燃物着火。

七大点火源部落成员各有特点，因此专家老师们专门定制了"封火紧箍咒"（就是防火防爆对策措施），各自拥有不同的法力，把点火源家族封印在指定的区域内，不让他们乱蹿，让点火源家族"听话照做"，这样就有效地避免了我们两大家族成员的接触，粉尘爆炸的危机就解除啦。

★ 若是焊接火焰、烟头、明火等可预见的点火源或者动火作业，我的安全小管家不仅长着火眼金睛，而且有着丰富的安全管理经验，他不仅能及时把小火花、小火苗扼杀在萌芽状态，还会通过一些安全管理制度把它们管理得很顺从，用你时请乖乖的，不用时请各回各家，不要出现在我面前。

★ 若是机械火花、热表面、静电、电气火花等，这些小坏蛋比较狡猾，它们有的隐藏得很深，有的会突然冒出来，让人毫无防备；有的不显山不露水，默默地积蓄能量，伺机爆发。这着实让人头疼。不过，我有智囊团，这些也难不倒他们。这不，以下都是他们的好点子：

对于电气火花，需要定期检查电气设备，防止线路老化、短路，这可就辛苦电工师傅啦！或者选用粉尘防爆电气设备替代一些易发生故障的设备设施，这需要钱袋子鼓鼓哒！虽然贵了点儿，但是一劳永逸，安全系数高！

对于杂质进入粉碎机内产生火花，需要严格筛选被粉碎的物质，去掉石子和吸铁处理，这可是守住火源的首道大门哟！

对于静电，从下面两条路想办法：

（1）减少静电荷的产生

首先在设计、制造生产设备时，必须要注意材料的选择，对产生正负电荷的物料加以适当组合，使最终起电最小。其次在生产工艺的设计上，对有关物料应尽量做到接触面积和压力较小，接触次数较少，运动和分离速度较慢。流速越快，产生静电的可能就越大。

（2）使静电荷尽快地消散

在静电危险场所，对金属物体应采用金属导体与大地做导通性连接，对金属以外的静电导体及亚导体则应作间接接地。同时可以适当增加空气湿度。最好能够使用静电中和器，静电中和器能中和物体所带静电，极大地消除静电危险。

★ 还有针对雷电放电火花的"封火紧箍咒"：采用避雷针等，引导雷电进入大地，使建筑物、设备、物资及人员免遭雷击。将建筑物内的金属设备与管道以及结构钢筋等采取接地的措施，以防雷电感应放电火花。对雷电侵入波采用避雷器（阀型、管型、保护间隙型）、进户线接地等保护装置，预防电气设备因雷电侵入波影响造成过电压，避免击毁设备，防止火灾爆炸事故，保证电气设备的正常运行。

★ 其实对付绝热压缩点火源比较简单，"封火紧箍咒"如下：在存在易燃易爆粉尘的设备管道中或场所，采用惰性气体输送、储存或加工粉状物料。限制气流在管道中的速度，防止绝热压缩造成异常升温。开启、关闭阀门时动作速度要缓和，尽量避免或控制可能出现的绝热压缩操作。例如高压气体管路上的两个阀门之间距离较短且留有空气时，应缓开气源一端的阀门，以防空气被绝热压缩引起高温。当然了，万一除尘管道里面有火花出现也不要怕，只要安装火花探测和熄灭装置，它们24小时值班都不带眨眼的，在捕捉到小火花后，就"发功"用适量的水雾或其他惰性介质将火花熄灭。

第二，不要让我“聚集”——控制粉尘浓度

我喜欢独处，呆在自己该呆的地方，在什么阶段就呆在什么设备里。这就需要保障处理粉料的设备、容器和输送系统具有良好的密闭性能，不要“跑”“冒”“钻”“漏”，有缝隙就想溜号，地上、设备、容器上到处都是。

我爱干净，安装有效的通风和除尘系统，加强作业场所的通风排尘和抽风排尘，让我及时离开作业现场，减少聚集。粉尘车间各部位要平滑平整，尽量避免设置一些其他无关设施(如窗幕、门帘等)。管线等尽量不要穿越粉尘车间，防止粉尘积聚，另外防止形成粉尘云。

我喜欢安静，请不要把我抛起来、扬起来、飞起来，接着又重重地摔下来，我会很疼的。

在条件允许时，在粉尘车间喷雾状水，采用湿式作业，在被粉碎的物质中增加水分也能促使粉尘沉降，防止粉尘飞扬，可以减少我的疼痛吧，呜呜呜……差点忘记了，切记，遇湿自燃的金属粉尘（如我家的“美女蛇”），与水有仇！

还有，我这么轻，到处飞，大家相互碰撞，接着一个一个地压在我身上，压得我喘不过气来，最后堆成厚厚的一层，太闷了，我容易暴躁。所以，在车间内做好清洁工作，及时、定期清扫。

清扫时可不能偷懒，打马虎眼哦！所有可能集聚粉尘的区域及设备设施的部位，都应当及时、全面、规范地清扫。我们小粉尘家族很多兄弟姐妹，每个人都有不同的脾气，要根据不同的特点采用不产生扬尘的清扫方式和不产生火花的清扫工具，清扫工具宜以扫帚、抹布为主，宜采用负压清扫，不能吹扫。

在设备的检、维修前也一定要清扫干净，不要忽略非工作期间我残留在设备上产生的危险哦！此时，还应当注意选择正确的工具（比如木质的工具），不可以使用在维修时产生冲击或摩擦火花的工具（例如铁锹）。还记得2010年2月24日秦皇

岛某淀粉厂爆炸事故吗？淀粉车间工人在清理和维修振动筛时使用铁制工具，作业中撞击引发的机械火花引燃我家的“小甜妹”（小麦淀粉），继而引发整个车间内积累的粉尘层二次爆炸，产生毁灭性破坏。

第三，惰化防护——控制氧气的含量

氧气是人类赖以生存的前提，对于火也一样，空气中的合适的氧含量是维持火焰持续燃烧或爆炸的必要条件。要想让我不发脾气，可以限制氧气含量。限制氧气含量的方法是依据惰性气体保护原理，把惰性气体注入封闭空间或有限空间，排斥里面的氧气，防止发生火灾。

惰化

简单来说，通过向可燃粉尘和空气混合物中人为加入一定量的惰化介质，如氮气、二氧化碳等，使混合物中的氧浓度降低，预防爆炸的可能性和减弱爆炸的严重程度，阻止火焰的自主传播。例如在研磨机内充灌一定的惰性气体（如氮气），使氧气含量减少。研磨硫黄粉，在设备内充灌25%～50%的氮气，爆炸就不可能发生。当然了，缺氧也会对人的身体健康造成很大的威胁，因此，在进行惰化时要保证系统有很好的密闭性且内部无人作业。

以上三条准则是控制我不发脾气的，能做到其中一点就能控制我的脾气了。可是，很多情况下，这三条都没有做到，或者受限于生产工艺，无法避免爆炸性粉尘环境的形成，又或者付出的代价过高，这些情况下，即使我不想惹是生非，也会忍不住爆发的。

怎样才能降低“爆”脾气的后果

大家都知道，“小粉尘‘爆’脾气”，我要是发脾气了，威力很大，还经常引起多次爆炸，后果很严重，还是来看看有什么好办法来减轻后果吧！哈哈哈……

还别说，聪明的人类总是有办法的，他们一直在研究当爆炸发生的情况下，怎样才能减少爆炸事故带来的严重损失。经过无数次的实验和多次事故经验教训，总结出以下四种比较有效的方法，分别是泄爆、隔爆、抑爆、抗爆。我们暂且称之为“四大勇士”，下面就挨个来说说吧！

泄爆

泄爆是指在粉尘云发生爆炸初始及发展阶段，通过在包围体（设备或建筑物面）人为设局部弱面（泄压口、泄压门、泄爆片）的方法，将高温、高压燃烧产物和未燃烧物料朝安全方向泄放出去，使包围体本身及周围环境免遭破坏的一种爆炸防护技术。

简单地说，通过一种泄压装置将爆炸提前释放，保护设备不被损坏、人员不被伤害。对一些经常有爆炸性粉尘环境产生的密闭空间，可以安装一定面积的泄爆片。泄爆片在爆炸初期（即爆炸产生的压力不高时）便会被开启，爆炸冲击波可以通过泄爆口排放至安全区，避免了密闭空间内部高温高压的积聚，起到保护设备和人员以及周围环境的目的。

粉尘爆炸过程中，一方面，粉尘爆炸产生大量高温气体，使容器内压力迅速升高；另一方面，泄爆片动作后，气体通过泄爆口外排，使压力迅速下降。在一定条件下，如果泄爆片的泄放能力使得降压速率大于或等于升压速率，或者虽然降压速率仍小于升压速率，但绝对升压速率大大降低，使得整个爆炸过程的压力峰值不超过容器允许的工作压力，从而保证容器不被破坏。

简单来说，泄爆就是我发火之后，还没气到爆炸前，找一个出气筒，让我发泄"怒气"，避免"怒气"积攒太多而爆炸，大家跟着一起倒霉，哈哈哈！还真是这样的，气大伤身啊！我也不愿意被激怒，发大火，搞得容身之地都没有，所以准备一些能有自我牺牲精神的小出气筒，给我发泄一下，就可以避免或减少损失啦！这就是舍小家保大家的英雄"泄爆勇士"，一定要记住哦！能不能把这个英雄当好，全靠人类给我设计的"安全外套"。能否很好地发挥泄压作用，就需要安全设计师好好把控啦！

"泄爆勇士"三大宝——泄压装置、泄压位置、泄压面积个个都重要。也就是外套上要加入"安全"元素，这个"安全"元素采用什么样的材质？做成什么形状？放在衣服的什么位置最合适？占整个服装多大的面积？太大了浪费，太小起不到作用等都是在设计时必须要考虑的。

泄压装置关键时刻能否发挥作用，就看装置选择得是否正确。常见的泄压装置有：泄爆片、泄压门、泄压口等。室外的设备：允许采用泄爆片直接泄放，采用无焰泄放可以对周围环境提供更好的保护。室内的设备：原则上采用无焰泄放装置。当然，如果设备离室外很近，可以增加泄压导管，将泄放口引到室外，泄压导管的长度不宜超过3 m。

泄压位置放在哪里尤其重要，设计的位置不合适，可能会造成不该有的损失或者损失变大。泄压口附近应设置足够的安全区，使人员不会受到伤害，且使有关安全的设备和主要设备的操作不受影响。采用侧面泄压方式时，应设置坚固栏杆以防人员摔落。应采用不形成大的带锋利边的碎片的材料。普通玻璃或类似的易碎材料，不应用做泄压装置的材料。如果采用安全玻璃，应考虑防止碎片飞出去的安全措施。采用管道泄压，管道如安装在建筑物内，则管道应设计为靠近外墙，并安装通向建筑物外的泄压导管。有粉尘爆炸危险的房间泄压可利用房间窗户、外墙或屋顶来实现。

泄压面积直接决定防爆泄压的效果。泄压面积大小则需根据粉尘家族各位兄弟姐妹战斗力比拼排行榜，经计算确定。对于粉尘爆炸指数很大，容器、筒仓与设备上无法设置足够的泄压面积的情况，可考虑综合应用爆炸泄压和其他爆炸控制技术，例如抑爆和抗爆设计。

爆炸发生后，通过隔爆阀将爆炸阻隔，防止火焰传播下去，这就是隔爆。为什么需要隔爆？爆炸泄压、爆炸抑制、抗爆设计一般用于保护单个的工艺设备。在涉爆粉尘工艺中，仅对压力容器采取泄压措施，粉尘爆炸的火焰也可沿着管道传播，引起相连容器内发生二次爆炸，通过爆炸隔离可以防止在工艺系统中由初始爆炸的设备传播到其他设备，或由工艺系统传播到人员作业区域。绝大部分的灾难性的事故是爆炸在工艺系统中传播导致的，只有采取爆炸隔离措施才可以防止灾难性的爆炸事故，所以，在实际应用中经常泄爆和隔爆联用，形成“同盟军”，来取得更好的保护效果。

作为用来隔离爆炸的保护性装置，粉尘隔爆阀正常用于除尘器或旋风分离的入口管道上，主要用来隔断设备内部爆炸后产生的火焰和冲击波传到上游的管道和设备。在操作过程中，单向隔爆阀的阀瓣由管道内正常工作的气流打开或者处于常开状态。在发生爆炸的情况下，隔爆阀的阀瓣受冲击波的冲击而自动关闭，从而起到保护作用。

隔爆翻板阀能够有效地阻断爆炸压力波和火焰，从而限制爆炸范围，减小爆炸损失，又因其结构简单、安装方便、价格相对低廉，故被大量应用于粉尘爆炸的防护中。

隔爆阀像极了《植物大战僵尸》游戏中的"土豆"，僵尸（爆炸）要想不断地往下传播，就要一个个地把土豆啃掉，土豆种在什么位置，多长距离种一个，才能更快地战胜僵尸闯关，这就是游戏玩家的智慧了。同样的道理，隔爆翻板阀的安装距离直接影响着隔爆效果。

隔爆

隔爆技术主要用于巷道或容器、车间的连接管道，防止爆炸火焰和炽热的爆炸产物向其他容器、车间或单元传播。根据其工作原理可分为自动隔爆系统和被动式隔爆系统，常采用自动隔爆系统。自动隔爆系统由爆炸探测器、监控单元和各种物理或化学隔爆装置组成，其原理是利用爆炸探测器探测爆炸，通过监控单元计算火焰速度并启动隔爆装置，隔绝沿管道或巷道传播的爆炸火焰及炽热爆炸产物。

爆炸抑制主要适用于环境条件受限制无法采取泄压的情况。尤其是在爆炸初始阶段，通过物理化学作用扑灭火焰，使未爆炸的粉尘不再参与爆炸从而抑制爆炸发展。

在爆炸的初期，燃烧火焰显著加速，通过喷洒抑爆剂抑制爆炸作用范围及猛烈程度，使设备内爆炸压力不超过其耐压强度，避免设备遭到损坏或人员伤亡。抑爆系统由爆炸探测器、控制单元、抑爆器三部分组成。它的工作原理是爆炸探测器感应初始爆炸，控制单元触发抑爆器动作，扑灭爆炸火焰，防止容器、设备或巷道空间产生过高的压力。如果说隔爆是“土豆”勇士，抑爆就是打僵尸的“冰豌豆”勇士，一经探测感应到初始爆炸，“冰豌豆”射手开始发射豌豆逐个击灭僵尸，不再繁衍生息。

抑爆技术研究主要涉及三个方面的问题，即爆炸探测方式、抑爆剂及数量、抑爆器喷撒技术参数。爆炸探测单元准确、可靠是决定整个抑爆系统性能的关键之一。

存在有毒性、腐蚀性的粉尘和燃料粉尘的除尘器及风管等不应采用泄爆装置进行泄压，应选用向除尘器及风管充入用于扑灭火焰的灭火气体或粉体介质的抑爆装置，安排“冰豌豆”勇士站岗放哨。

抗爆指在设备使用寿命期间，能够承受粉尘爆炸而不产生破坏，给设备穿上“金刚罩”，使设备本身具有抗爆性能，用于不适合爆炸泄压的场所，例如有毒性粉尘、腐蚀性粉尘、火炸药的场地以及厂房内部。但这类设备成本昂贵，难以推广。

国家应急管理部为了防止粉尘爆炸事故，总结和提出了工贸行业粉尘防爆十大重点问题和隐患。

1.粉尘爆炸危险场所设置在非框架结构的多层建构筑物内，或与居民区、员工宿舍、会议室等人员密集场所安全距离不足。

2.不同类别的可燃性粉尘、可燃性粉尘与可燃气体等易加剧爆炸危险的介质共用一套除尘系统，不同防火分区的除尘系统互连互通。

3.干式除尘系统未规范采用泄爆、隔爆、惰化、抑爆等任一种控爆措施。

4.铝镁等金属粉尘除尘系统采用正压除尘方式；其他可燃性粉尘除尘系统采用正压吹送粉尘时，未采取可靠的防点燃源的措施。

5.除尘系统采用粉尘沉降室除尘，或者采用干式巷道式构筑物作为除尘风道。

6.铝镁等金属粉尘及木质粉尘的干式除尘系统未规范设置锁气卸灰装置，或未及时清理灰仓内的积灰。

7.粉尘爆炸危险场所的立筒仓、收尘仓、除尘器内部等20区未采用符合要求的防爆型电气设备。

8.粉碎、研磨、造粒、砂光等易产生机械火花的工艺，未规范采取去除或火花探测消除等防范点燃源措施。

9.未制定粉尘清扫制度，作业现场积尘未及时规范清理。

10.铝镁等金属粉尘的收集、贮存场所未采取防水、防潮、通风、氢气浓度监控等防火、防爆措施。

粉尘爆炸危险大，多层建筑非框架；

居民宿舍会议室，安全距离未留足；

除尘系统未独立，粉尘气体互连通；

干式除尘无控爆，未设泄爆或隔爆；

惰化抑爆任一种，铝镁正压风险高；

粉尘沉降室除尘，不可选用干巷道；

铝镁金属类粉尘，干式无锁气卸灰；

20区电气不防爆，粉碎研磨异物多；

砂光作业易火花，探测装置来警报；

现场积尘及时清，粉尘清扫最重要；

铝镁粉尘要防潮，氢气探测不可少。

第4章 小粉尘的爆炸纪录

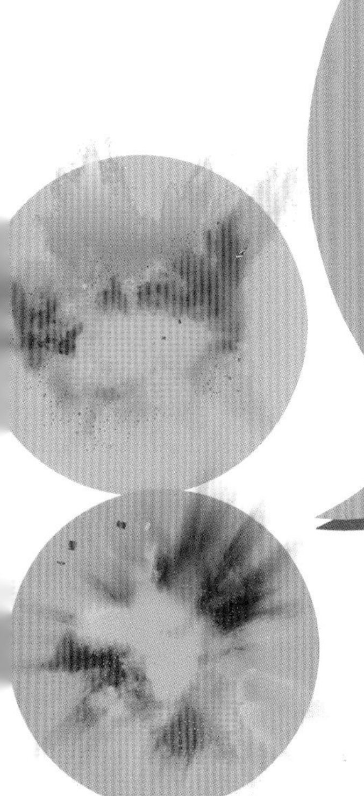

铝镁金属粉尘
活跃在人类生产中的耀眼烟花

纪录一　"美女蛇"成堆狂化，烈火中的七夕节

——2014年昆山中荣"8·2"特别重大爆炸事故纪实

昆山，江苏省辖县级市，自秦代置县以来已有2 200多年的历史，连续18年居全国GDP十强县榜首，GDP甚至超过了西藏、宁夏、青海等地区合计产值。

而在2014年以后，在全国甚至全球的安全生产领域，昆山再次名震四海。这次不是因为经济，而是一起事故。

一、"美女蛇"成堆狂化

2014年8月2日，天气阴，最低温度26℃，最高温度33℃，西北风5–6级转4–5级。前两天昆山刚来过台风，下过雨，这天不是夏季最热的温度，微微有风，感觉一切都那么正常。

这天是星期六，是周末，也是人们休息放松的日子；这天也是中国的传统节日"七夕节"，是一个浪漫的日子，牛郎织女鹊

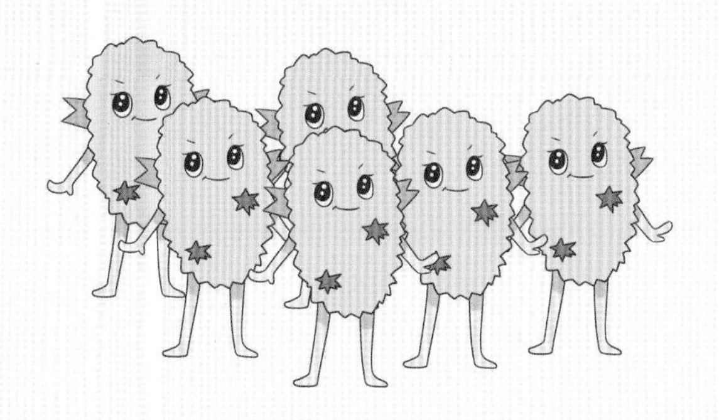

桥会赋予了七夕节爱情的味道。

然而预想之中的浪漫还没等来，一场致命的灾难却已经悄然来到。

早上7点，有的人还在睡梦中，有的人在上班途中，有的工厂工人刚刚开始早交接班，而中荣公司的员工已经交接班完毕，开始了一天的工作。

中荣公司成立于1998年8月，台商独资企业，法人代表吴某滔、总经理林某昌均为中国台湾人，公司主要从事汽车零配件等五金件金属表面处理加工，生产工序是轮毂打磨、抛光、电镀等，年生产能力50万件汽车轮毂，2013年主营业务收入1.65亿元，在同行业中已算佼佼者。

2019年马云曾说过，“996工作制”是福报，而中荣公司在2014年甚至更早便开始这种比“福报”工作制更“福报”的工作制“777”。中荣公司的工作时间为早上7点上班、晚上7点下班，中午和傍晚休息不到1小时，总计工作10小时以上，并且一个月只休息一两天。

2014年，中荣公司在册员工250人，而8月2日厂区内共有265人，其中有外来办事人员3人，新入职员工12人。谁也没有想到，辛苦地找一份工作，居然闯进了一个“炼狱”，临时到工厂办事，却有可能失去自己的性命。没人意识到，灾难正在步步紧逼。

（一）事故和救援经过

6时多——员工陆续进厂。

7时——员工到岗开始工作。

7时10分——除尘风机开启，员工开始作业。

7时33分37秒——抛光车间突然冒起一大股白色烟雾，大约10秒之后烟雾由白色转变为青灰色，并且越来越浓烈。

7时34分——1号除尘器发生爆炸。爆炸冲击波沿除尘管道向抛光车间传播。除尘系统、管道内、抛光车间内集聚的铝粉尘扬起，紧接着发生一系列爆炸。

7时35分——昆山市公安消防部门接到报警，立即启动应急救援。

7点42分——烟雾已经蔓延至整个厂区。

7时43分——第一辆消防车抵达爆炸现场。

8时03分——现场明火被扑灭。

8时20分——两辆救护车赶到现场。

此后消防部门先后调集7个中队、21辆车、111人，组织了25个小组赴现场救援，共救出被困人员130人。

交通运输部门调度8辆公交车、3辆卡车运送伤员至昆山各医院救治。

（二）伤亡程度

8月2日7时34分——当场死亡47人，事故车间和车间内的生产设备被损毁。

8月2日救援后送医院——抢救无效死亡28人，185人受伤（当天死亡共75人）。

8月3日至9月1日——抢救医治无效陆续死亡22人。30日报告期内共有97人死亡、163人受伤。

9月2日之后——抢救医治无效陆续死亡49人，尚有95名伤员在医院治疗，病情基本稳定。

截至2014年年底，共有146人死亡、114人受伤，直接经

济损失3.51亿元。

历史上第一次有记载的粉尘爆炸事故，是1785年12月14日，意大利的一家面粉厂发生粉尘爆炸，距今已有200多年。

昆山中荣公司“8 · 2”特别重大爆炸事故，是全世界历史上有记载以来，死亡人数最多的一次粉尘爆炸事故。

昆山“一鸣惊人”！当天厂区265人，伤亡241人，比例达到了91%，55%的人有去无回！！

（三）爆炸的原因

我们来说说这起事故的原因——粉尘爆炸。

粉尘爆炸的五要素：可燃粉尘、粉尘云、引火源、助燃物、相对密闭的空间。

1.可燃粉尘

抛光车间抛光轮毂产生抛光铝粉，其中铝含量88.3%，硅含量10.2%，粒径中位值为19 μm。经实验测试，抛光铝粉为爆炸性粉尘，粉尘云引燃温度为500℃。

2.粉尘云

除尘系统风机启动后，所有粉尘（4条生产线共48个工位的抛光粉尘）通过一条管道输送进入除尘器内，由滤袋捕集落入到集尘桶内，在除尘器灰斗和集尘桶上部空间形成爆炸性粉尘云。

3.引火源

这起粉尘爆炸事故的引火源就是高温！！

（1）集尘桶内超细的抛光铝粉，在抛光过程中具有一定的初始温度。

（2）反应放热

① 铝和水反应放热。水从哪里来的呢？事发前两天昆山台风，连续降雨，空气湿度高达97%。集尘桶内铝粉吸湿受潮，抛光铝粉呈絮状堆积、散热条件差，铝粉与水发生放热反应，使集尘桶内的铝粉表层温度达到粉尘云引燃温度500℃。

② 铝和氧化铁反应放热（铝热反应）。氧化铁哪里来的呢？集尘桶桶底锈蚀产生了氧化铁，氧化铁和铝粉在前期放热反应触发下，可发生“铝热反应”，释放大量热量使温度进一步升高。

初始温度和两个体系的反应放热达到了铝粉尘的引燃温度！！

4.助燃物

在除尘器风机作用下，大量新鲜空气进入除尘器内，支持了爆炸发生——风助火势！！！

5.相对密闭的空间

除尘器本体为倒锥体钢壳结构，容积约8 m^3，内部空间相对密闭。

（四）瑞士奶酪模型

防止能量或有害物质意外释放的屏障（人的行为安全、物的状态安全、环境安全、管理行为安全）就像“瑞士奶酪”一样，一片一片的奶酪构成了一道一道的屏障。但每道屏障（每片奶酪）都存在着这样、那样的缺陷或漏洞，导致防控屏障不能够很好发挥作用。

这些空洞的位置、大小不是固定不变的，不安全因素就像一个不间断的光源，当每片奶酪（每道屏障）上的孔洞同时处于一条直线上时，危险就会像光源一样瞬间穿过所有漏洞，导致事故发生。这四个层面的因素叠在一起，犹如有孔的奶酪被叠放在一起，所以被称为“瑞士奶酪模型”。

而粉尘爆炸的几个要素就像几片奶酪。

第一片有孔洞的奶酪。

车间内、除尘管道内、集尘桶内铝粉沉积积聚——“美女蛇”成堆!

不安全行为：按照规定，每班工作结束后应当清扫灰尘。但实际情况是，抛光车间每天工作时间长达12小时，清扫间隔先是每周一次，后变成每月一次。如果生产繁忙，甚至每月一次也做不到。

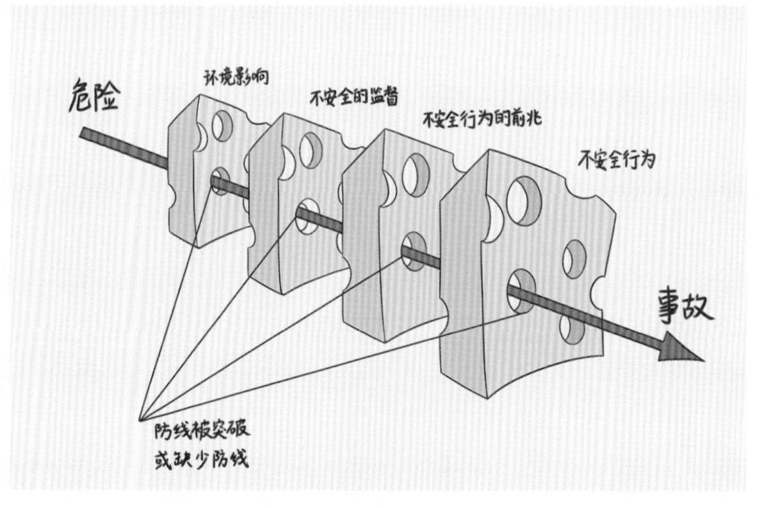

瑞士奶酪模型

第二片有孔洞的奶酪。

4条生产线共48个工位产生的抛光铝粉通过风机全部积聚集尘桶内，形成粉尘云。车间内、管道内的粉尘沉积，在受到首次爆炸波冲击后，也会形成粉尘云——"美女蛇"变异！

不安全行为：按照规定，"灰斗下部应设锁气卸灰装置。卸灰装置应同收尘器同步运转，不使粉尘在灰斗内积存。"但实际情况是除尘器集尘桶未及时清理，估算沉积铝粉约20 kg。

第三片有孔洞的奶酪。

抛光过程中产生的高温铝粉；集尘桶锈蚀破损，桶内铝粉受潮，与水发生氧化放热反应使温度升高；集尘桶锈蚀，氧化铁与铝发生铝热反应，温度进一步升高，达到粉尘云的引燃温度——"美女蛇"燃烧！

环境影响：事发前两天昆山台风，连续降雨；平均气温31℃，最高气温34℃，空气湿度最高达到97%。

不安全行为1：集尘器未设置防水防潮设施，集尘桶底部破损后未及时修复，导致外部潮湿空气渗入集尘桶内。

不安全行为2：按照规定，"收尘器出现温度异常升高时应予报警”。但实际情况是，该除尘器无任何温度监控报警的设施。

第四片有孔洞的奶酪。

除尘器本体内部是相对密闭的空间，无任何泄爆装置——“美女蛇”狂化!

不安全状态：按照规定，具有可燃性粉尘爆炸风险的场所，包括建筑物、管道、收尘器均应设置泄爆装置，但是实际情况是厂房、除尘系统管道和除尘器均未按照要求设置泄爆装置。

玩游戏的人都知道“狂化”这个词。在boss情绪失控后，情绪未得到释放而导致的一种疯狂状态，能大幅地提升自身的战斗能力。当除尘器本体内发生爆炸时，如果有泄爆装置，则会减小爆炸波通过管道释放至车间内的压力。

以上四片奶酪的孔洞在当天连成一根直线，直接打开了“潘多拉魔盒”，带走了146人的性命。千里之堤，溃于蚁穴，四片奶酪的孔洞最终变成大漏洞，这不是偶然。

人们感觉到了危险，首先应该怎么办？逃跑啊，远离危险，但现实是无路可逃。

前面说过，中荣公司是台商独资企业，林某昌任总经理，而抛光车间的生产工艺及布局是由他根据自己的经验设计的。林某昌是否具有工艺设计资质已无从考证，但是他设计的生产线布局过密，作业工位排列拥挤，在每层1 072.5 m^2车间内设置了16条生产线，在13 m长的生产线上布置有12个工位，人员密集，有的生产线之间员工背靠背间距不到1 m，且通道中还放置着轮毂等加工工件。

数字是苍白的，但是以上数字说明了一点——疏散通道不畅。在车间内发生二次爆炸、火灾后，工人本该迅速撤离逃跑，但是，由于疏散通道不畅，车间内昏暗、烟雾弥漫，加剧了疏散的难度。事故后调查，工人致死的原因多为窒息，粉尘燃烧后空气中的氧气急剧消耗，并产生浓烟，他们没有机会逃出那个车间。

所以，实际情况是中荣公司总经理林某昌设计的车间，疏散通道狭窄拥挤，导致事故发生后，工人撤离不及时，加剧了伤亡。

（五）隐患形成的条件

隐患导致事故，主要由于管理疏忽。现在，我们来分析下这个事故存在的管理问题。

1. 中荣公司（事故单位）

（1）除尘系统设计、制造、安装、改造违规，未经过正规论证。

除尘器本体及管道未按《粉尘爆炸泄压指南》（GB/T 15605-2008）要求设置泄爆装置。如果有泄爆，在除尘器本体爆炸发生后，通过泄爆，会减弱传播至车间的冲击力。

集尘器未设置防水防潮设施，集尘桶底部破损后未及时修复，导致外部潮湿空气渗入，增加了集尘器内的湿度，铝粉与水发生反应。

（2）车间内铝粉尘集聚严重。

事故现场吸尘罩大小为500 mm × 200 mm，轮毂中心距离吸尘罩500 mm，每个吸尘罩的风量为600 m^3/h，每套除尘系统总风量为28 800 m^3/h，支管内平均风速为20.8 m/s。按照《铝镁粉加工粉尘防爆安全规程》（GB 17269—2003）规定的23 m/s支管平均风速计算，事故现场总风量应达到31 850 m^3/h，原始设计差额为9.6%。

以上所有数据说明：现场除尘系统吸风量不足，无法满足工位粉尘捕集要求，不能有效排出车间和管道内的粉尘。

企业未按规定及时清理粉尘，造成除尘管道和作业现场铝粉尘残留，加大了爆炸威力，导致了二次爆炸的发生。

（3）缺少安全生产风险辨识和培训。

风险辨识不全面，对铝粉尘爆炸危险未进行辨识，缺乏预防措施。未开展粉尘爆炸专项教育培训，从公司领导层到车间员工对铝粉尘存在爆炸危险缺乏认知。

（4）缺少安全防护措施。

事故车间电气设施设备不符合《爆炸和火灾危险环境电力装置设计规范》（GB 50058—1992）规定，均不防爆，电缆、电线敷设方式违规，电气设备的金属外壳未做可靠接地。此次爆炸的引火源是室外除尘器集尘桶的铝热反应和铝水氧化反应放热加热导致。如果在爆炸和火灾危险环境电气设施设备违规设置，那么电气线路故障火花迟早会形成下一次爆炸的引火源。

（5）生产制度设置不合理。

生产制度“997”，严重违反《中华人民共和国劳动法》。工人疲于生产，超时作业，对风险隐患就会放松警惕，疏于观察和防范，第一，迟早会导致隐患变成事故；第二，工人迟早会因为生产过累、精神紧张、身心疲劳导致操作错误而引起事故发生；第三，工人因为忙于生产，而不去进行粉尘清理，导致现场积尘较多，导致了车间内粉尘二次爆炸的发生。

（6）缺少个体防护措施。

现场工位设置密集，产尘设备多，粉尘产量大，但是吸尘效果差，未按照规定为工人配备防静电、防尘工作服，仅发放棉口罩，未发放防尘口罩。

工人未穿着防静电、防尘工作服，粉尘会因为静电吸附在身上，在火灾爆炸发生后，工人身上容易燃烧。工人缺少防尘口罩，吸入大量粉尘，可能导致尘肺病。

“中间休息，车间出来满头满脸都是灰，是蓝颜色的粉末”，一名抛光车间的员工说。有个陕西工友曾对此开玩笑说“活生生一个兵马俑”。员工对媒体称，昆山中荣工厂平时粉尘弥漫，很容易导致尘肺，一天工作下来必须清洗口鼻中的污物。

一位熟悉企业情况的人士透露，这家企业的员工曾多次反映，洗过的衣服晾晒后往往都还附着一层脏东西。

据了解，之前曾有员工举报中荣公司粉尘污染问题，也有工人在网上发帖称由于长期在厂里工作得了尘肺病，但企业一直在生产。

有员工自发每隔4个小时就会清扫一下抛光机的工作台面，积起来的金属粉尘“用手能捧一捧”。饭点时，每条生产线上的工人轮流清扫各自的生产线，每次清扫都能扫出一油漆桶的金属粉尘。

2. 专业技术服务机构

（1）××建筑设计研究院未了解金属粉尘危险性，仅凭中荣公司提供的“金属制品打磨车间”的厂房用途，违规将车间火灾危险性类别定义为戊类，导致整个车间防火防爆的设计等级降低。

（2）××大学出具的《昆山中荣金属制品有限公司剧毒品使用、储存装置安全现状评价报告》，在安全管理和安全检测方面存在评价内容与实际情况不符，未能对企业主要负责人的安全生产资格证书和一线生产工人职业健康检查进行调查和评价，涉及虚假报告。

（3）××环境检测技术有限公司未按照《工作场所空气中有害物质监测的采样规范》（GBZ 159-2004）要求，未在正常生产状态下对中荣公司生产车间抛光岗位粉尘浓度进行检测即出具报告，涉及虚假报告。

（4）××机电环保设备有限公司违规为中荣公司设计、制造、施工改造除尘系统，且除尘系统管道和除尘器均未设置泄爆口，未设置导除静电的接地装置，吸尘罩小、罩口多，通风除尘效果差。

这些技术服务机构的助纣为虐，使这些机构沦为这起事故的“帮凶”，导致中荣公司一步一步走向“深渊”。

3. 行政监管部门

发生如此严重的爆炸事故，企业责任重大。然而安全生产不能仅靠企业自觉，行政监管部门必须重视并建立长期有效的安全监管机制。作为生产经营主体，企业本身具有逐利性，为了追求利润最大化，很可能减少对安全生产费用和设施的投入。监管部门在任何时候都不能放松，应规范企业经营，及时发现企业的违法生产行为并对其进行约束和处罚，才能从源头上降低事故发生的概率，保证劳动者的人身和财产安全。

该起事故牵涉的行政监管部门众多，从昆山开发区到苏州市政府，负有安全生产监督管理责任的有关部门，均有相关的监管责任。例如：

（1）昆山开发区没有专门的安全监管机构，安全监管职责不清、人员不足、执法不严。

（2）昆山开发区经济发展和环境保护局（下设"安全生产科"）未能及时发现和纠正中荣公司粉尘长期超标问题，未督促该企业对重大事故隐患进行整改消除，对中荣公司长期存在的事故隐患和安全管理混乱问题失察。

（3）昆山市安全生产监督管理局安全生产检查工作流于形式，多次对中荣公司进行安全检查均未能发现该公司长期存在粉尘超标可能引起爆炸的重大隐患。

（4）昆山市公安消防大队在中荣公司事故车间建筑工程消防设计审核、验收中未按照《建筑设计防火规范》（GBJ 16-87，2001年修订版）发现并纠正设计部门错误认定火灾危险等级的问题，简化审核、验收程序不严格。

（5）昆山开发区经济发展和环境保护局环境影响评价工作不落实，未发现和纠正中荣公司事故车间未按规定履行环境影响评价程序即开工建设、未按规定履行环保竣工验收程序即投产运行等问题，对中荣公司事故车间的粉尘排放情况疏于检查。

（6）苏州市环境保护局未对中荣公司新增项目环保设施组织竣工验收，未对被列为市级重点污染源的中荣公司铝粉尘排放情况进行抽查、检查。

（7）昆山开发区规划建设局对其所属的利悦图审公司开发区办公室审查程序不规范、审查质量存在缺陷等问题失察。

（8）昆山市住房城乡建设局质量监督站在中荣公司事故车

间竣工验收备案环节违规备案。

（六）法不容情，违法必究

2014年12月30日，国务院对江苏昆山市中荣金属制品有限公司“8 · 2”特别重大铝粉尘爆炸事故调查报告作出批复，认定这是一起生产安全责任事故，同意对事故责任人员及责任单位的处理建议。

1. 对中荣公司董事长、总经理、安全主管、昆山开发区管理委员会副主任、党工委员、安委主任、昆山开发区经济发展和环保局副局长、昆山市安监局副局长、昆山市公安消防队原参谋、昆山市公安消防队长、昆山市环保局副局长等18人采取司法措施。

2. 对其他35名地方党委政府及其有关部门工作人员分别给予相应的党纪、政纪处分。

3. 对江苏省人民政府予以通报批评，并责成其向国务院作出深刻检查。

4. 行政处罚及问责

（1）对中荣公司处以规定上限的经济处罚，且依法取缔。

（2）由江苏省住房城乡建设、安全监管和环境保护部门对××建筑设计研究院、××大学、××环境检测技术有限公司、××机电环保设备有限公司等单位和有关人员的违法违规问题进行处罚。构成犯罪的，由公安司法机关进行查处，依法追究其刑事责任。

2016年2月3日，昆山“8·2”特别重大事故案一审在昆山法院宣判。

法院认为，中荣公司无视国家法律，违法违规组织项目建设和生产，违法违规进行厂房设计与生产工艺布局，违规进行除尘系统设计、制造、安装、改造，车间铝粉尘集聚严重，安全生产管理混乱，安全防护措施不落实，是事故发生的主要原因。中荣公司董事长、总经理、安全生产主管分别在中荣4号厂房除尘系统、生产工艺和布局及安全防护等事项上违反国家规定，严重不负责任，引发重大伤亡事故，情节特别恶劣。此3名被告人均构成重大劳动安全事故罪。

法院认为，昆山开发区管委会分管安全生产工作的副主任，昆山开发区经济发展和环境保护局副局长、安全生产委员会副主任，昆山开发区经济发展和环境保护局安全生产科科长、安全委员会办公室主任等11人，对上级部署的安全生产检查、隐患排查等工作未认真履行落实、监督等职责，致使中荣公司爆炸的事故隐患长期未被发现和排除，是事故发生的重要原因。此11名被告人均构成玩忽职守罪。

以上所涉14名被告人分别被判处3年至7年6个月不等的刑罚。

纪录二　大学实验室中燃烧的“美女蛇”

大学是青少年经过了九年制义务教育和高中教育后继续深造的高等学府，大学教育是高层次的专业教育，在这里可以学习专业知识，包括物理、化学、材料、建筑等等。在这里接受教育的学生和传道授业解惑的老师都是“高级知识分子”。但是就是这样一个专业的高知群体，却被“美女蛇”萦绕祸害。

一、2018年圣诞节的北京交通大学

2018年12月26日，圣诞节。北京交通大学市政与环境工程实验室发生爆炸燃烧，事故造成3人死亡。

北京交通大学土木建筑工程学院市政与环境工程系教授李某生购买了30桶镁粉(1 t、易制爆危险化学品），6桶磷酸（0.21 t、危险化学品）和6袋过硫酸钠（0.2 t、危险化学品）储存在实验室。

12月24日14时09分至18时22分，李某生带领7名学生尝试使用搅拌机对镁粉和磷酸进行搅拌，制备镁与磷酸镁的混合物。因第一次搅拌过程中搅拌机料斗内镁粉粉尘向外扬出，李某生安排学生用实验室工作服封盖搅拌机顶部活动盖板处缝隙。当天消耗约3至4桶（每桶约33kg）镁粉。

12月25日12时42分至18时02分，李某生带领6名学生将24日制成的混合物加入其他化学成分混合后制成圆形颗粒，并放在一层综合实验室实验台上晾干。其间，两桶镁粉被搬运至模型室。

12月26日上午9时许，刘某辉、刘某轶、胡某翠等6名学生按照李某生安排陆续进入实验室，准备重复24日下午的操作。经视频监控录像反映：当日9时27分45秒，刘某辉、刘某轶、胡某翠进入一层模型室；9时33分21秒，模型室内出现强烈闪光；9时33分25秒，模型室内再次出现强烈闪光，并伴有大量火焰，随即视频监控中断。爆炸发生。

事故发生后，爆炸及爆炸引发的燃烧造成一层模型室、综合实验室和二层水质工程学Ⅰ、Ⅱ实验室受损。其中，一层模型室受损程度最重。模型室外（南侧）邻近放置的集装箱均不同程度着火。

经搜救，3名学生当场烧死，均为博士生，年龄分别为24岁、28岁、30岁，大好年华，就此葬送。

（一）事故原因

在使用搅拌机对镁粉和磷酸搅拌、反应过程中，产生氢气，搅拌机转轴金属摩擦、碰撞产生火花，点燃氢气发生爆炸，继而引发镁粉粉尘云爆炸，爆炸引起周边镁粉和其他可燃物燃烧，现场3名学生死亡。

1. 爆炸物质分析

磷酸与镁粉混合会发生剧烈反应并释放出大量氢气和热量。氢气属于易燃易爆气体，因搅拌、反应过程中只有部分镁粉参与反应，料斗内仍剩余大量镁粉。镁粉属于爆炸性金属粉尘，遇点火源发生爆炸，爆炸火焰温度超过2 000℃。爆炸物质是搅拌机料斗内的氢气和镁粉。

2. 点火源分析

搅拌机转轴旋转时，转轴盖片随转轴同步旋转，并与固定的转轴护筒（以上均为铁质材料）接触发生较剧烈摩擦。运转一定时间后，转轴盖片上形成较深沟槽，沟槽的间隙可使转轴盖片与转轴护筒之间发生碰撞，摩擦与碰撞产生的火花引发搅拌机内氢气发生爆炸。

3. 爆炸过程分析

搅拌过程中，搅拌机料斗内上部形成了氢气、镁粉、空气的气固两相混合区；料斗下部形成了镁粉、磷酸镁、氧化镁（镁与水反应产物）等物质的混合物搅拌区。转轴盖片与护筒摩擦、碰撞产生的火花，点燃了料斗内上部氢气和空气的混合物并发生爆炸（第一次爆炸），爆炸冲击波超压作用到搅拌机上部盖板，使活动盖板的铰链被拉断，并使活动盖板向东侧飞出。同时，冲击波将搅拌机料斗内的镁粉裹挟到搅拌机上方空间，形成镁粉粉尘云并发生爆炸（第二次爆炸）。爆炸产生的冲击波和高温火焰迅速向搅拌机四周传播，并引燃其他可燃物。

（二）管理原因分析

违规开展试验、冒险作业；违规购买、违法储存危险化学品；对实验室和科研项目安全管理不到位。科研项目负责人违反《北京交通大学实验室技术安全管理办法》等规定，未采取有效安全防护措施，未告知学生试验的危险性，明知危险仍冒险作业。实验室管理人员未落实校内实验室相关管理制度。

管理因素是外在因素，是可以完善避免的隐患，是先于事故发生的诱因，如果管理到位，则不会发生后面的事故。作为科研项目负责人明知危险仍带领学生冒险作业，置自身和学生的人身安全不顾。

高中化学课上，同学们都知道镁化学性质活泼，能与酸反应生成氢气，具有比较强的还原性，能与沸水反应放出氢气，极易溶解于酸。一些烟花和照明弹里都含有镁粉，是因为镁在空气中燃烧能发出耀眼的白光，小时候玩的"烟火棒"也是镁条做的。

但是，三个博士学历的成年人，居然不知道镁和酸会反应，镁和水会反应，会生成氢气，会导致燃烧、爆炸、火灾！

高知人群是无知还是无畏？

二、四年后的中南大学

2022年4月20日，中南大学材料科学与工程学院发生一起爆燃事故，一名博士研究生受伤。4月26日，中南大学湘雅附三医院工作人员透露，4月20日确实接收一病例，该病例全身60%烧伤，右眼球或不保。网传消息称燃爆疑似因实验室铝粉爆炸。4月26日，该校材料科学与工程学院一工作人员表示，因部分实验室不符合安全条例，学院实验室已全部关停整改。

一个个年轻鲜活的生命就这样悄然而逝，在为亡者感到心痛的同时，我们更应该从事故中总结吸取教训！

粮食粉尘
潜伏在人们生活中的隐形炸弹

纪录三 “大铁锤”引爆“小甜妹”

——2010年秦皇岛骊骅淀粉“2·24”重大爆炸事故纪实

一、“小甜妹”

糖，甜甜的，可以让人觉得开心、快乐、心情愉悦。

中国是世界上最早制糖的国家之一，饴糖属淀粉糖，历史最为悠久。淀粉就是我们的“小甜妹”！

二、“大铁锤”

铁在生活中分布较广，早在春秋战国时期，古人已经知道铁制工具撞击可以产生火花。

淀粉——“小甜妹”，至柔、至细，至微，甜甜蜜蜜。

铁器——“大铁锤”，至强、至硬、至刚，冰冷坚硬。

在骊骅公司，“小甜妹”和“大铁锤”不小心碰撞出了危险的火花。

三、“小甜妹”遭遇“大铁锤”

秦皇岛骊骅淀粉股份有限公司（简称“骊骅公司”）是一家淀粉糖企业，农业产业化国家重点龙头企业、全国淀粉糖行业前20强企业和全国食品行业百强企业，是全国淀粉及淀粉糖行业中综合生产能力最强、经济效益最好的重点骨干企业之一。

2010年2月23日，元宵节前夕，大部分中国人还处于浓浓的过节气氛中。中国的春节是全民放假的日子，工厂停产、工地停建、学生放假，经过这一段时间的“全社会停摆”，春节后的复工复产也是生产安全事故的高发时段。

2月23日晚上开始，骊骅公司振动筛工作不正常、下料慢，怀疑是筛网堵塞。从24日凌晨至11时，工人进行了设备维修和疏通，同时清理了平台和振动筛的淀粉。

24日11时清理工作结束后，恢复生产。11时40分，振动筛又出现堵塞，但是没有及时停止送料，造成振动筛处及其附近平台大量淀粉泄漏、堆积。此后，工人一直在清理和维修两个堵塞的振动筛，直到15时58分发生了爆炸事故。

通过事故现场鉴定，初始爆炸的位置是三层平台。分析事故原因，应该是三层平台在淀粉清理过程中产生了粉尘云。在“美女蛇”的故事中，粉尘云即为爆炸五要素之一。这次是“小甜妹”飞起来了！

爆炸前，三层平台有10人正在对振动筛进行粉尘清理和维修。清理和维修工具为铁制扳手、铁制钳子、铁锨等。紧邻5号振动筛的配电间屋顶（标高3.7m）有淀粉四车间4名包装工正在清扫由5号、6号振动筛上散落下的淀粉。所用工具为铁锨、铁畚箕、扫帚、包装袋。这就是“大铁锤”啊！

三层平台（标高5.2m）的作业人员将清理的淀粉装袋后，通过楼梯往下滚落到一层地面。清理工作进行了一半时，已经清理出了20多袋淀粉，工人将淀粉袋由配电间屋面直接抛至一层地面。事故发生时，三层平台和批号间与配电室屋顶集聚了大量淀粉。

分析事故原因，在5号振动筛处进行清理和维修的过程中，铁制工具撞击摩擦产生机械火花，例如使用铁扳手敲打，铁锨铲淀粉等，在维修过程中，敲打、撞击、摩擦过程中，铁制工具产生火花，“大铁锤”发怒了！遇到了在空中飞扬飘荡的“小甜妹”，引燃粉尘云，在5号振动筛处发生了爆燃。

初始爆炸能量不大，局部设备和构筑物被破坏，产生的冲击波也不强，但冲击波和气流激起了三层平台上的淀粉粉尘层，形成了更多的粉尘云，在三层平台和批号间与配电室屋顶相继发生爆燃，粉尘云和粉尘层剧烈燃烧。

此次重大粉尘爆炸事故，造成21人死亡、48人受伤，直接经济损失2 652.84万元。

对于这起违规操作引发的重大生产安全责任事故，在事故责任追究的过程中，有这样几个人值得大家好好思考。

大多数人都知道摩擦能生热，但是却不知道或者是忽视了在使用铁制工具过程中也会产生火花，更没有料到会引发淀粉爆炸。

王某江、茹某杰，骊骅公司淀粉二车间、四车间主任。作为车间安全生产第一责任人，对长期在粉尘爆炸危险区域使用铁制工具疏于管理，指派工人使用铁制工具维修振动筛和清理淀粉，对事故的发生负直接责任，涉嫌重大责任事故罪。

李某国，作为安监部部长，应该是对全厂风险隐患和安全生产最专业的人，却丝毫不了解在粉尘爆炸危险的区域禁止使用铁制工具，以致惨祸发生。

2010年秦皇岛骊骅公司"2 · 24"重大爆炸事故是国内最惨烈的粮食粉尘爆炸事故，也是最典型的使用铁制工具产生火花引起爆炸的事故，然而目前仍然有不少企业在粉尘爆炸场所使用铁制工具，根本不知道在粉尘爆炸场所使用铁制工具的风险。

“小甜妹”爆炸后的现场

纪录四 "笑面虎"可不是纸老虎

——面粉爆炸事故纪实

一、影视剧中的"笑面虎"

2015年《伪装者》热播，喜欢谍战剧的朋友都看过。剧中，明诚为了销毁证据，炸毁了面粉厂。但是他既没有用炸药，也没有用瓦斯煤气罐之类的东西，仅仅用面粉就引爆了面粉厂。

明诚划破了几袋面粉，将面粉全部扬洒在空中，使空气中弥漫着面粉的颗粒。特务进入面粉厂后，明诚点燃了打火机，扔进漫天飞舞的面粉中，爆炸名场面出现了。

"面粉炸弹"还出现在多部影视剧中，2020年年底上映的《拆弹专家2》，男主角潘乘风在逃离现场时，随手拿了一包面粉，用打火机和面粉制造了爆炸，炸毁了超市。

其实"面粉炸弹"最早出现在二战时期，当时参与战争的国家，每天都可能会被敌国轰炸。那时候，一些工厂的负责人往往会提心吊胆的，毕竟炸弹不长眼，一个不小心自己的工厂就没了。

英国就有一家面粉厂遭受了轰炸，不过幸运的是，炸弹并没有落到面粉厂上空，而是落在了周围。面粉厂的厂长因此感到幸运，可还没等厂长高兴完，自己的身后就传来一阵爆炸声。

回头一看，自己的面粉厂竟然“自爆了”，这让厂长非常疑惑，明明炸弹没有炸到，为什么面粉厂还是爆炸了呢？这让厂长非常不解，甚至一度认为，可能是工厂里被安插了内鬼。

面粉厂爆炸的事件，每年都有发生。同时，面粉爆炸不仅仅出现在工厂，在人们的生活、娱乐活动中也会出现。

二、生活中的“笑面虎”

曾经有过一个段子，想要谋杀丈夫，妻子可以喊“老公，水开了，过来帮忙倒面粉！”

2018年9月11日，一个普通而又特殊的日子。福建省厦门市的一居民小区内，突如其来的爆炸声打破了往日的宁静。小区里的人们匆匆闻声赶来。只见一户人家的玻璃都被炸碎，防盗网也被炸飞，停放在楼下的两辆轿车因此被砸破。到底是发生了什么呢?

屋内受伤的是一对夫妇，因为近距离爆炸，导致两人伤情非常严重，浑身焦黑。经诊断，两人的烧伤面积都超过了50%，属于重度烧伤。后经调查和询问，才得知此次爆炸的元凶竟然是面粉。

原来夫妻俩在家中制作面食时，疑似使用烤箱和大量面粉引发闪爆。

无独有偶，2017年9月12日，江西省德兴市铜都中学左对面，饶守坤公园附近一居民屋发生了爆炸，房屋严重损毁，满地狼藉，周围房屋均有不同程度的损坏。

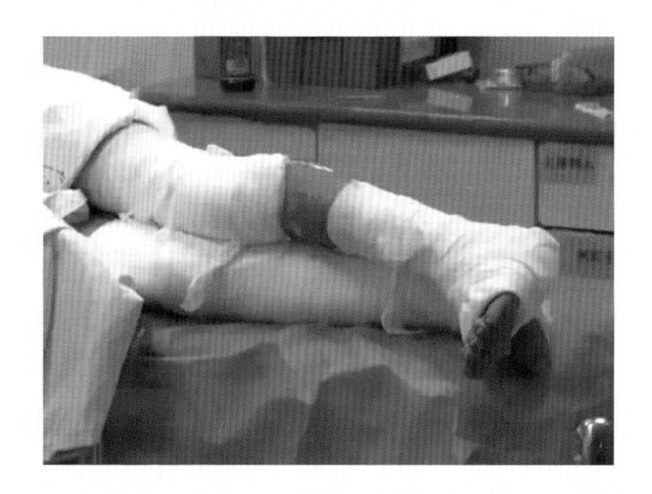

据现场围观群众说，房主是一名小吃摊主，伤势严重，已紧急送往南昌救治。另据现场有散落的面粉和完好无损的液化气罐等情况初步判断，疑似面粉爆炸。

三、娱乐活动中的“玉面飞狐”

2015年6月27日晚8时40分，中国台湾新北市八里区的八仙乐园当时正在举行号称为台湾最大规模的“彩色派对"。

兴奋的人们用五颜六色的彩色玉米淀粉渲染欢乐气氛，现场工作人员为了舞台效果使用二氧化碳气瓶，把彩色粉末喷向民众区，年轻人在满地的彩粉上蹦跳。

没人注意到现场的一盏灯已经热得滚烫，死神正在悄悄逼近。

一撮淀粉被洒向这盏灯，高温表面迅速将淀粉点燃。

火焰无情地蔓延开来，穿着泳衣、泳裤的男女纷纷倒在地上哀号，惊叫、哀嚎声不绝于耳，人们互相踩踏，游乐场顿时成了人间炼狱。

号称亚洲最大规模的“彩色派对”，已连续举办了3年，吸引了过万人参加。据主办方表示，“彩色派对”源自印度“彩色节”，为了庆祝冬去春来，人们投掷彩色粉末和水，迎接万象更新，祈求谷物丰收。活动中，人们可以疯狂地向彼此抛掷彩色粉末，因此更吸引年轻一族为之疯狂。

台湾卫生管理部门统计，截至2015年6月28日下午14时，新北市八仙乐园粉尘爆燃死亡12人，伤患累计524人。其中194人重伤住进重症病房，许多人大面积烧伤，留下终生的噩梦。

台湾“清华大学”材料学专家对这起事故痛批称，用玉米淀粉玩“彩色派对”真的相当危险，因为只要稍有火花，就会引发闪燃，因此台湾“彩色派对”的主办单位，真的是拿民众

的生命开玩笑，只能说，无知无畏，玩“粉”自焚。

想必你现在对粮食粉尘爆炸的杀伤力有新的认识了吧。

台湾这个事件并未引起香港年轻人的重视。2018年11月22日凌晨1时，香港九龙塘浸会大学学生宿舍伟伦楼南座发生火警，疑因学生庆祝生日，撒面粉引起粉尘爆炸。

截至2018年11月22日，共有12名学生受伤。

2018年11月22日凌晨1时，香港浸会大学学生宿舍伟伦楼南座发生火警。事发现场位于12楼一个多用途活动室，当时有大约20名学生，为其中4至5名11月份生日的“每月之星”庆生，台上放有生日蛋糕，学生们围着生日蛋糕唱歌祝福，可能当蜡烛仍未熄灭之际，有人突然互撒面粉，导致粉尘爆炸，多人逃生不及，被烧伤。

事故共造成12名学生受伤，包括4男8女，大部分为手脚及面部烧伤。其中10人一级烧伤、2人二级烧伤。

其实在中国西藏的糌粑节上，人们也会互相抛洒面粉来庆祝春耕，不过似乎没看到粉尘爆炸的报道，或许只是运气好吧。如果有明火的话，爆炸的情景也有可能出现。

四、婚宴现场的“笑面虎”

不知从何时起，结婚流行婚闹，结婚现场流行对着新郎新娘撒面粉，说这意味着新人白头偕老。

2021年4月23日，在河南驻马店一村民的婚礼上，照惯例，婚闹撒了面粉，然后就发生了一场意外。现场燃放鞭炮，引起了面粉爆炸，原本喜庆的婚礼现场，成了人间悲剧！

而在广东也有类似风俗，2020年12月28日，广东省肇庆高要区白土镇的一个结婚接亲现场，男方玩起面粉，女方伴娘被一桶面粉迎面扑来，现场一片狼藉。玩闹过后，整条街道弥漫着被泼洒的面粉。街道旁边有一条输电线路，当时在那几名男生泼面粉期间，还有人放婚礼花炮。面粉一旦遇到明火，那就不是喜事而是丧事了。

新疆塔什库尔干等地塔吉克族也流行撒面粉的风俗。

塔吉克族人以面粉为吉祥物。家中客至，主人把面粉撒在客人肩上，祝其吉祥如意。节日，他们也把面粉撒在家畜身上和墙壁上，寓意驱灾迎福。青年男女结婚当天，新郎由亲朋好友陪同，在证婚人带领下，骑马到新娘家接亲，途经谁家门口，这家女主人须端上一碗酥油拌奶疙瘩给新郎喝，并将面粉撒于新郎和证婚人肩上。婚礼开始，先要往新郎、新娘身上撒面粉，以此表示祝贺。

但是在现代婚礼现场，使用明火较多，比如打火机、香烟、各种电气线路和设备、鞭炮、礼花等，导致“撒面粉”的祝福有可能变成诅咒。

五、工厂中的“笑面虎”

大家可以发现，以上四种场景的“笑面虎”的爆发均是由明火引起。但是，工厂中“笑面虎”被激怒的诱因则很隐蔽。

面粉厂，看似很安全的一个地方。但如果忽视生产安全，同样可能发生惨烈事故。在河北雄县，2021年就曾发生过一起

面粉厂爆炸事故——该面粉厂仓库因为忽视粉尘防爆工作，引发爆炸，3名工人不幸死亡。该厂负责人王某也因重大责任事故罪被判入狱4年。

事故的直接原因是插入式混凝土振动器电源线与动力电缆线连接处断开，动力电缆线瞬间三相短路，引燃3号面粉仓内面粉与空气形成的爆炸性混合物引发爆燃。

公司主要负责人安全意识淡薄，对企业存在的重大安全隐患未引起足够重视。粉尘爆炸区域的20区未使用防爆电气设备设施，未制定粉尘清扫制度，作业现场积尘较多，未及时规范清理，生产过程中上述情况长期存在，未得到有效管控。公司现场安全管理混乱，致使设备设施长期处于不安全状态，爆炸危险区域存在非防爆电气设备，电源线布放方式不符合粉尘防爆要求。公司现场生产管理人员安全意识淡薄，且不具备相应安全生产管理能力，致使人员违章作业行为长期存在。公司员工缺乏自我安全防范意识，缺乏风险辨识能力，无法有效识别相关作业活动存在的风险并采取相应防范措施。

2014年9月23日9点14分左右，安徽淮北市濉溪县百善镇鲁王面粉厂发生爆炸，致8人受伤。事故直接原因是在封闭空间内，面粉浓度达到一定量后遇上高温设备，引燃面粉，发生爆炸。

2021年5月23日，河北健民淀粉糖业有限公司淀粉车间发生淀粉闪爆事故，当时有11人正在上班，构成1人重度烧伤，3人中度烧伤，直接经济损失120万元。 事故直接原因是静电积聚产生火花，引发粉尘爆炸。

以上三种引爆面粉的点火源分别是高温、电气线路火花和静电。比起生活中的明火，这些总火源更加隐蔽，就像“隐形炸弹”一样徘徊在工厂的各种角落。

木粉尘 潜伏在人类身边的隐形杀手

纪录五 “木疙瘩”也有“爆”脾气

——2018年江苏大江木业“12 · 31”较大燃爆事故纪实

木字始见于商代甲骨文，其古字形像树木，上为枝叶，下为树根。木质坚韧结实，故“木”有淳朴忠厚之义。其次，“木”字还有呆笨的意向，所以我们把木粉尘称为“木疙瘩”。

木材，因其材料和结构上的特性以及美学上的价值在建筑、造纸、制造业中得以广泛应用。而在木材加工制造的过程中，经常会发生各种意外状况，例如木材刺伤人体、木材燃烧等，给人们造成伤害。但是人们很容易忽略，被人叫作“木疙瘩”的木粉尘，也有“爆”脾气，会发生爆炸！

据专业人士统计，在41起粉尘爆炸事故中，活跃的铝粉尘爆炸事故共有9起，居第一位，第二位就是木粉尘爆炸事故，共有7起。这除了因为木材加工行业较为广泛以外，还与人们对木粉尘爆炸的知晓程度不高有关。

一、"木疙瘩"的"爆"脾气

宿迁是江苏最年轻的地级市，成立于1996年，2000年以后，木材加工业成为宿迁新兴的支柱产业。

2018年12月31日8时58分左右，位于宿迁市沭阳县吴集工业园区的江苏大江木业集团吴集有限公司发生一起燃爆事故。事故共造成3人死亡、3人受伤，直接经济损失约720万元。

大江木业吴集公司主要产品为中、高密度纤维板。

产品主要生产工艺为：木纤维屑通过螺旋上料器和送风机进入主管道，与喷入主管道的黏合剂按一定比例混合后进入铺装车间料仓，在设定的温度、压力和牵引速度下压制成型，经过纵向切边、横向切割分离形成坯板。坯板经过砂光和修边后形成成品入库。

产品主要原料为木纤维屑，来源为：① 次小薪材等木质植物经过洗涤、除铁、削片、蒸煮等工序，进入热磨系统加工为满足一定尺寸要求的木质纤维屑，经干燥后进入料仓备用；② 从市场购买木纤维屑暂存备用；③ 坯板在砂光过程中产生的细小木纤维屑，经过除尘系统（旋风除尘器、布袋除尘器）收集后送入木纤维屑库暂存备用。

生产过程涉及的主要设备包括：锅炉、削片机、热磨机、铺装机、预压机、压板机、砂光机、除尘系统等。

下面我们来回顾一下事故发生经过，看下哪个环节出现了问题。

2018年12月31日6时44分左右，砂光车间2号砂光机因故障产生大量火花，部分火花进入与砂光机相连接的除尘管道，引起除尘管道热压车间段安装的火花探测和自动报警装置发生报警。现场作业人员立即停止风机、砂光机，随即联系砂光车间班长吴某林。吴某林和现场人员对砂光机进行了检查、排除故障，但未对除尘管道内部进行清理，部分火花停留在除尘管道继续阴燃。仅仅是报警、关机、检查和故障排除，未进行火花喷淋熄灭，未进行除尘管道内部清理。或许是因为这是元旦节前的最后一天，此时又是清晨，上了一个夜班的工人已经疲累，忽视了需要进行除尘管道粉尘清理。

7时56分左右，货车驾驶员王某将装载有木纤维屑的货车停在木纤维屑库南门外。注意此木纤维屑库，该库一边连接的是旋风除尘器料仓螺旋出料口，另一边还供外购木纤维屑库卸货暂存使用。

8时46分左右，砂光车间主操作工周某进开启风机。距离报警发生后2个小时开启了风机，开启风机前未进行任何检查和工作交接。

8时50分左右，砂光车间主操作工周某进开启最北侧的砂光机。距离报警发生后126分钟开启了发生过故障的砂光机，开启砂光机前未进行任何检查和工作交接。

8时51分左右，公司装卸工4人在木纤维屑库内对货车上的木纤维屑卸车。此时事故设备砂光机、设备除尘风机已开启。同时，货车全车身进入了木纤维屑库。木纤维屑库为禁火区，未安装阻火阀的机动车能否进入禁火区?

8时53分左右，砂光车间主操作工周某进开启另外2台砂光机。距离报警发生后129分钟后继续开启了发生过故障的砂光机，开启砂光机前未进行任何检查和工作交接。

8时56分左右，砂光车间打板操作工张某英开启砂光机辊台，开始打板进行砂光作业。

8时58分40秒左右，木纤维屑库内共有5人。

8时58分45秒左右，布袋除尘器内发生燃爆，燃爆产生的带压烟火主要通过以下几个渠道释放：

（1）布袋除尘器泄爆口被爆开，部分带压烟火从泄爆口喷出。

（2）部分带压烟火沿除尘管道依次向旋风除尘器、热压车间、砂光车间扩散，导致旋风除尘器泄爆口、除尘管道热压车间段检修口被爆开，带压烟火从旋风除尘器泄爆口、除尘管道检修口、砂光车间除尘管道进风口喷出。8时58分48秒左右，热压车间、砂光车间发生剧烈燃烧。

（3）布袋除尘器检修口盖板被爆开，部分带压烟火由布袋除尘器检修口及旋风除尘器料仓螺旋出料口喷入木纤维屑库，

8时58分48秒左右，木纤维屑库内发生局部燃爆，货车车头烧毁，油箱爆炸。火上浇油，木纤维屑库燃烧爆炸最为惨烈。

前面说过，木纤维屑库中有5人。王某、孟某春从木纤维屑库逃出时被烧伤，而剩下3人被活活烧死。可以看出，货车车头朝外，货车司机王某一直在驾驶室，导致王某离木纤维屑库的门较近，逃生较快，成功逃生，但是还是被烧伤。

这起事故调查报告的直接原因叙述为：砂光机砂出的火花进入除尘管道，在除尘管道内持续阴燃，开机生产时引起布袋除尘器内部木粉尘燃爆；布袋除尘器检修口盖板因固定不牢固被爆开，大量带压烟火由检修口及旋风除尘器料仓螺旋出料口喷入木纤维屑库，引起木纤维屑库内局部燃爆，导致库内作业人员伤亡。

下面我们捋一下这起事故的事故树。

图中，蓝色方框为整个事故的风险→隐患→事故的形成过程。

红色方框为爆炸五要素的形成环节。

绿色方框为可以阻止事故发生、防止伤亡扩大的环节。而第一个环节，砂光机产生火花，就是钻木取火最夸张的实践。

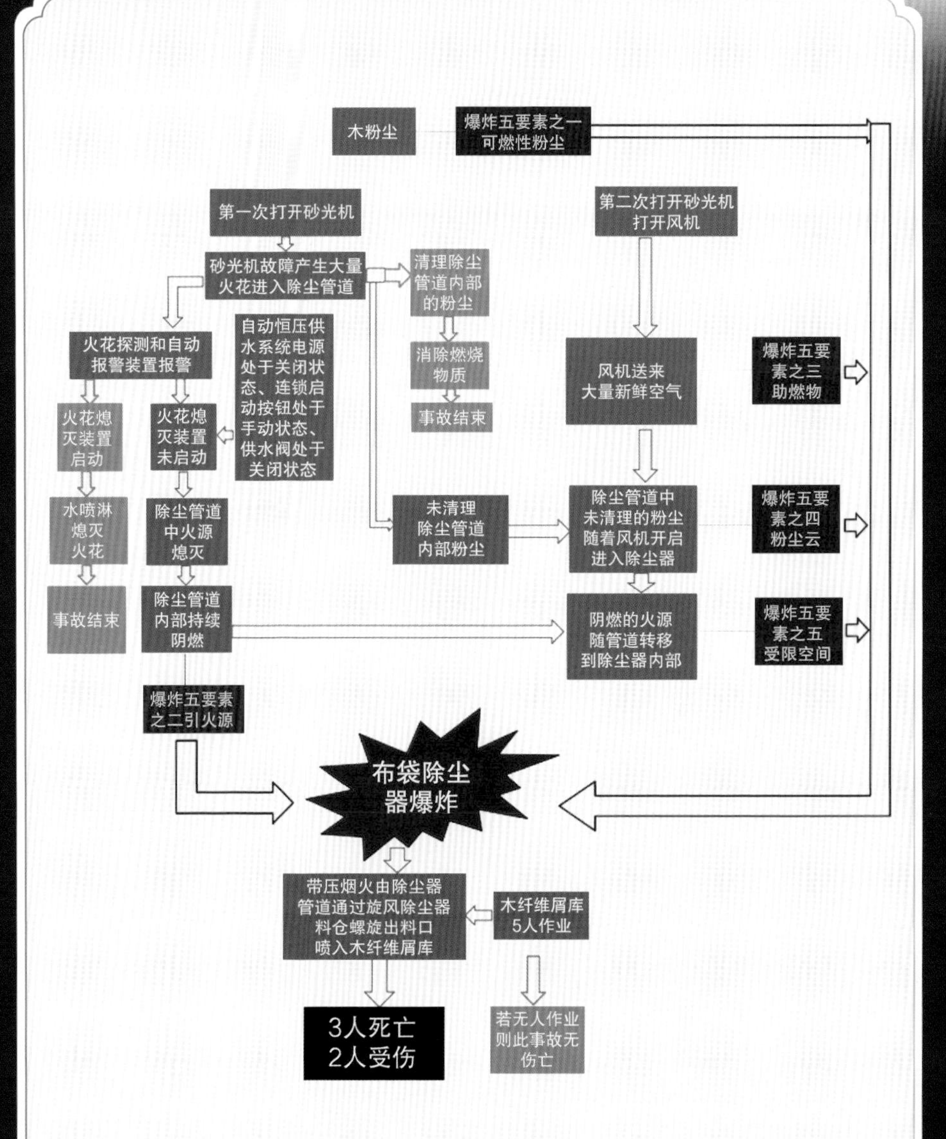
木粉尘
爆炸五要素之一 可燃性粉尘
第一次打开砂光机
第二次打开砂光机 打开风机
砂光机故障产生大量火花进入除尘管道
清理除尘管道内部的粉尘
消除燃烧物质
事故结束
火花探测和自动报警装置报警
自动恒压供水系统电源处于关闭状态、连锁启动按钮处于手动状态、供水阀处于关闭状态
火花熄灭装置启动
火花熄灭装置未启动
水喷淋熄灭火花
事故结束
除尘管道中火源熄灭
除尘管道内部持续阴燃
爆炸五要素之二引火源
风机送来大量新鲜空气
爆炸五要素之三助燃物
未清理除尘管道内部粉尘
除尘管道中未清理的粉尘随着风机开启进入除尘器
爆炸五要素之四粉尘云
阴燃的火源随管道转移到除尘器内部
爆炸五要素之五受限空间
布袋除尘器爆炸
带压烟火由除尘器管道通过旋风除尘器料仓螺旋出料口喷入木纤维屑库
木纤维屑库5人作业
3人死亡 2人受伤
若无人作业则此事故无伤亡

第4章

纪录六 "木疙瘩"的警告

——2022年济宁佰世达木业"1·27"粉尘燃爆事故纪实

一、木粉尘防爆规定的密集出台

有据可查，与粉尘爆炸相关的标准在2000年以后陆续出台。

2007年，《粉尘防爆安全规程》（GB 15577-2007）发布，2018年修订。

2008年，《木工(材)车间安全生产通则》（GB 15606-2008）发布；《粉尘爆炸泄压指南》（GB/T 15605-2008）发布；《粉尘爆炸危险场所用收尘器防爆导则》（GB/T 17919-2008）发布。

2012年，《木材加工系统粉尘防爆安全规范》（AQ 4228-2012）发布。

2015年，原国家安全监管总局办公厅印发《工贸行业重点可燃性粉尘目录（2015版）》和《工贸行业可燃性粉尘作业场所工艺设施防爆技术指南（试行）》的通知（安监总厅管四［2015］84号）。

2016年，《粉尘爆炸危险场所用除尘系统安全技术规范》（AQ 4273-2016）发布。

2017年，原国家安全监管总局印发《工贸行业重大生产安全事故隐患判定标准（2017版）》的通知（安监总管四［2017］129号）。

2020年，《人造板工业粉尘防控技术规范》（LY/T 1659-2020）发布。

2021年，《工贸企业粉尘防爆安全规定》应急管理部6号令公布。

自从粉尘爆炸事故陆续被人们重视以来，从2007年以来密集出台与木粉尘防爆有关的标准和规范。2017年，更是公布了存在粉尘爆炸危险的行业领域的十个重大生产安全事故隐患。其中第八条“在粉碎、研磨、造粒等易于产生机械点火源的工艺设备前，未按规范设置去除铁、石等异物的装置”和第九条“木制品加工企业，与砂光机连接的风管未规范设置火花探测报警装置”赫然在列。

2021年，应急管理部公布6号令，对粉尘防爆和罚则进行了详细规定。“第二十九条 粉尘涉爆企业违反本规定第十四条、第十五条、第十六条、第十八条、第十九条的规定，同时构成事故隐患，未采取措施消除的，依照《中华人民共和国安全生产法》有关规定，由负责粉尘涉爆企业安全监管的部门责令立即消除或者限期消除，处5万元以下的罚款；企业拒不执行的，责令停产停业整顿，对其直接负责的主管人员和其他直接责任人员处5万元以上10万元以下的罚款；构成犯罪的，依照刑法有关规定追究刑事责任。”而第十四条、第十五条、第十六条、第十八条、第十九条则是对粉尘涉爆企业如何进行防爆安全措施的规定。

二、无视“木疙瘩”发火前的警告

在如此严密管控下，仍然有人以身犯险。

2022年1月27日16时56分许，山东济宁佰世达木业有限公司发生一起粉尘燃爆事故，造成1人死亡，17人受伤，直接经济损失约为720万元。

事故不大，死亡1人，为一般生产安全责任事故，但是引起轰动不小。应急管理部和山东省委、省政府高度重视，并立即派出工作组赶赴事故现场，济宁市政府决定对该起事故提级调查。一个粉尘爆炸的一般事故，引起了应急管理部派出工作组，可想而知，在如此众多法律法规严控的高压态势下发生事故的恶劣影响程度之大。

同样，我们来回顾一下整个事故的发生过程。

2022年1月27日9时30分许，佰世达公司完成热磨机磨片更换等检修工作后开始投料生产。

10时许，铺装热压工序出现一次进料故障。

11时36分至11时40分左右，左分选机、干燥管道前段陆续出现多次火花报警，生产经理侯某峰通知紧急停机，随后对干燥管道和分选机进行了检查和清理。（仅仅是停机，未进行火花熄灭。）

13时30分许，再次开机生产。此时，废料间内分别因设备检修后开机、进料故障、火花报警后开停机等三次排料，导致废料间内积累了大量的木纤维废料。（开机前未清理木纤维废料。）

13时至16时，干燥管道前段、左分选机火花报警各两次，操作工复位后继续生产。（仅是复位，停机、检查、清理均未实施，更未进行火花熄灭。）

14时51分，丙班带班经理王某胜在微信群通知班组全体人员下班后去废料间集中清理粉尘废料。

16时许，多名丙班员工陆续到达废料间集中清理粉尘废料。在清理废料过程中，王某胜发现在2号异常排料口下方料堆内有少量已碳化冒烟的木纤维，但没有组织人员撤离，仍继续清理粉尘。（发现小型事故，未造成伤亡和损失，居然继续作业，也没有告知其他人员撤离。）

16时45分，左分选机火花开始频繁报警，生产经理侯某峰、设备主管杨某湘等人员对报警进行多次复位并分析报警原因，在喷淋系统未正常运行的情况下，侯某峰未对生产系统进行停机，也未向总经理报告。（发生多次报警，仅进行复位，未停机，未熄灭火花，未报告。）

16时56分许，左分选机发生燃爆，燃爆后产生的大量高温气体和燃烧物经系统管道分别进入右分选机和废料间，造成右分选机和废料间内分别发生燃爆，导致三层平台1名甲班员工被附近未封堵的右分选机取料观察口喷出的火焰烧伤，17名丙班员工在废料间内被不同程度烧伤。

以上过程持续时间很长，从11时36分到16时56分，320分钟。

隐患形成之后，有两种结果：

（1）隐患被发现并及时得到控制，又回到了正常的安全状态。

（2）发现隐患形成但控制失败或者未控制，或者没有发现任其继续发展，隐患在某一时刻被触发，演变成事故。

上面这起事故从隐患形成到事故发生，一共经历了320分钟。11时36分，火花探测报警仪报警，生产经理仅是停机，未进行火花熄灭，即未控制隐患，导致隐患持续存在，火花在管道内持续燃烧。

在这320分钟内，事故调

查报告里对报警的次数使用了三个词“多次报警”“报警各两次”“频繁报警”。但是生产经理却是“停机”“复位”；最后在频繁报警时，连停机都没有了，直接无视“木疙瘩”发火前的警告。

在这320分钟内，工人王某胜在清理废料过程中，发现料堆内有少量已碳化冒烟的木纤维，说明王某胜已经发现一起当时没有造成伤亡和损失的小事故了，但是王某胜继续冒险作业，没有告知其他人员撤离。

可惜，这个世界没有如果，没有后悔药。

在这320分钟内，有足够的时间让他们做很多事情来停机、熄灭火花、清理粉尘，来消除隐患，但是没有一人停下手上的工作，直到爆炸发生，火舌肆虐。我们该评价他们敬业还是无知呢?

事故调查结论中的直接原因：干燥旋风除尘器锁气卸料阀腔体锈蚀掉皮，分选系统内部进入铁质异物。分选系统设备转动部件、铁质异物和系统内的高温阴燃物料经过摩擦、挤压发热产生火星，系统火花探测仪连续报警，当班生产负责人没有及时停机处理，最终引发了左右分选机及废料间内的粉尘云燃爆。

和纪录五的事故纪实一样，“木疙瘩”发火前多次报警，但是却被当班主要负责人无视，同时火花熄灭装置未启动。

三、直面“铁窗生活”的生产经理

有关生产安全事故责任追究流传这样一个段子，事故伤亡人数≈责任追究人数。这起事故中，死亡1人，受伤17人，共计伤亡18人；责任追究中，刑事责任4人，行政处罚3人，问责6人，共计13人，同时处理了5个责任单位。在刑事责任追究中，其中就有无视火花探测报警的当班生产负责人2人，还有那名发现木纤维碳化冒烟，但是继续冒险作业，自己没有跑，也没有告知其他人员撤离的工人。这名工人在事故中也受伤了，同时还涉嫌犯罪，真是得不偿失。

因此，上面这个事故告诉我们：如果我们是一个普通工人，在发现工位有隐患时，需要及时报告、及时停机，在发现小事故时，更要及时报告、及时撤离，自己撤离并通知同事撤离，在保障自己安全的同时，努力自救。不要逞英雄，不要冒险作业，不要视而不见。